那些惊艳绝伦的海洋生物

NAXIE JINGYAN JUELUN DE
HAIYANG SHENGWU

武鹏程

编著

TUSHUO HAIYANG

图说海洋

世界之大，无奇不有
世界之奇，尽在海洋

海洋出版社
北京

图书在版编目（CIP）数据

那些惊艳绝伦的海洋生物 / 武鹏程编著. — 北京：
海洋出版社，2025. 1. — ISBN 978–7–5210–1375–7

Ⅰ. Q178.53–49

中国国家版本馆CIP数据核字第2024707NB8号

图 说 海 洋

那些惊艳绝伦的
海洋生物

NAXIE JINGYAN JUELUN DE
HAIYANG SHENGWU

总 策 划：刘　斌	总 编 室：（010）62100034
责任编辑：刘　斌	网　　址：www.oceanpress.com.cn
责任印制：安　淼	承　　印：侨友印刷（河北）有限公司
排　　版：海洋计算机图书输出中心 晓阳	版　　次：2025 年 1 月第 1 版
出版发行：海洋出版社	2025 年 1 月第 1 次印刷
地　　址：北京市海淀区大慧寺路 8 号	开　　本：787mm×1092mm 1/16
100081	印　　张：10
经　　销：新华书店	字　　数：180 千字
发 行 部：（010）62100090	定　　价：59.00 元

本书如有印、装质量问题可与发行部调换

前　言 ▌

　　浩瀚的海洋中生活着许多色彩斑斓、美艳无比、各具特色的生物，有的有剧毒、有的长相 Q 萌、有的色彩艳丽、有的长得令人惊愕，它们共同构成了繁杂、缤纷的海洋生物世界。

　　海洋中的美丽毒物中，有"海底最美丽的伪装者"火烈鸟舌蜗牛、"世界上已知最毒的螃蟹"绣花脊熟若蟹，还有等指海葵、纽扣珊瑚、蓝环章鱼、花笠水母、狮子鱼、角箱鲀和僧帽水母等，它们既漂亮，又有剧毒，让人防不胜防。

　　海洋中还有很多长相 Q 萌可爱的生物，如"超萌可爱的海蛞蝓"海兔、"靠晒太阳就能活命"的叶羊、"让人惊艳的海底拟态鱼"剃刀鱼，以及梦海鼠、裸海蝶、豆丁海马、狗头鱼、花园鳗和海豆芽等。

　　一些色彩艳丽的海洋生物，如灯泡海鞘、圣诞树蠕虫、气泡珊瑚、蟠虎螺、红海胆、五彩青蛙、火焰贝、迷幻躄鱼、彩带鳗、奶嘴海葵和海百合等，将海洋点缀得如同花园一般。

　　筐蛇尾、狮鬃水母、灯塔水母、太平洋褶柔鱼、海蛾鱼、竖琴海绵、膨胀鲨鱼、舒氏猪齿鱼则有着让人惊愕的外表，让人感叹海洋的神奇！

　　虾、蟹和海鸟同样是海洋世界中不可或缺的，雪人蟹、招潮蟹、椰子蟹、小丑虾、性感虾、骆驼虾、海鳃、火烈鸟、鹈鹕、加拉帕戈斯企鹅、军舰鸟、鹲鸟等，无不有着让人惊艳的外表！

海洋中的美丽生物数不胜数，本书以图文并茂的方式将这些美丽的海洋生物呈现给大家，让大家能够通过认识海洋中的生物，进而认识海洋，热爱海洋，提高海洋意识。

目 录▮

美丽的毒物

Q 萌的海洋生物

色彩艳丽的海洋生物

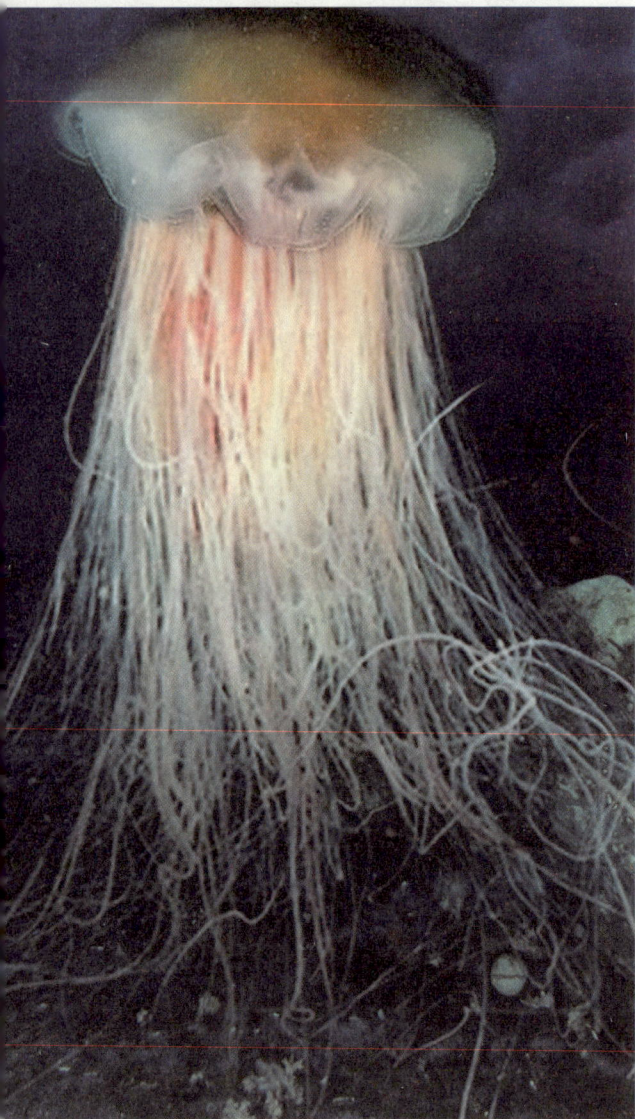

让人惊愕的海洋生物

绚丽的虾、蟹

形态别致的海鸟

火烈鸟舌蜗牛

海 底 最 美 丽 的 伪 装 者

　　火烈鸟舌蜗牛的外壳表面被颜色鲜艳且美丽的图案所覆盖，而且颜色越艳丽毒性越强，它还善于伪装自己，因而被喻为"海底最美丽的伪装者"。

　　火烈鸟舌蜗牛是一种栖息于大西洋和加勒比海珊瑚礁海域的海底蜗牛。

　　火烈鸟舌蜗牛的体型很小，只有约 2.5 厘米长，别看它的个头小，它可以在不同的环境中捕食不同的猎物。火烈鸟舌蜗牛通过进食让外壳变得鲜艳，并融入环境色中，因此它又被喻为"海底最美丽的伪装者"。

❖ 火烈鸟舌蜗牛

❖ 美丽的火烈鸟舌蜗牛

火烈鸟舌蜗牛的舌头上有很多尖刺，可以用来滤食小生物和避免吞入大块的物体。

火烈鸟舌蜗牛虽然会吃珊瑚，但不会在一个珊瑚群吃太多，而且它们离开后，珊瑚虫还会再生。

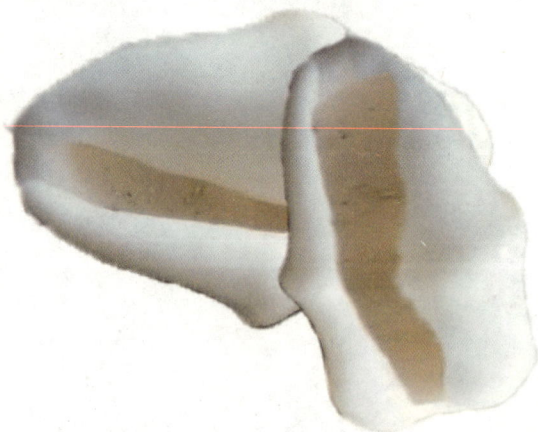

❖ 火烈鸟舌蜗牛的外壳

火烈鸟舌蜗牛死亡后，没有营养物质滋养的外套膜便会脱落，美丽的图案也不复存在，只剩下普通的外壳。

火烈鸟舌蜗牛的体表通常会呈现鲜艳的橙色和黄色，并覆盖着形状不规则的黑色斑点，看起来与豹纹类似。事实上，火烈鸟舌蜗牛的外壳本身是白色或黄褐色的，并不艳丽，而我们所看到的鲜艳的颜色源于包裹其外壳的一层活性组织，这层物质含有毒素。

为了能让自己变得更鲜艳，火烈鸟舌蜗牛会主动进食有毒的柳珊瑚，摄取柳珊瑚的毒素，使周身的颜色愈发鲜艳且毒素更强。

火烈鸟舌蜗牛虽然有外壳保护，但是它的外壳并不坚硬，为了抵御体型较大的珊瑚礁鱼类和龙虾等天敌，它只能靠鲜艳的颜色来警告那些潜在的捕食者，如果艳丽的颜色威慑不住捕食者并受到它们的攻击时，火烈鸟舌蜗牛会迅速收起绚丽的色彩，使外壳露出本色（白色或黄褐色），让自己不再醒目，然后晃动裸壳搅浑海水后便不再动，让自己隐身以躲避敌害。

鸡心螺

　　鸡心螺的种类很多，它们的螺壳有不同的艳丽色彩和花纹，这对在沙滩上散步和在珊瑚丛中潜水的人来说无疑是一种诱惑，很容易吸引人们捡拾。然而，拥有美丽外壳的鸡心螺却并非人类掌中的玩物，它们一点儿也不温柔娇弱，还会为了摆脱骚扰而射出带毒的"鱼叉"。

　　鸡心螺又叫"芋螺"，主要分布于热带海域，如非洲沿岸、澳大利亚、新西兰、菲律宾及日本等地区，我国多见于南方，如福建、广东及台湾地区，它们喜欢待在珊瑚礁、岩石和沙质海底。

像蜥蜴、青蛙和蟾蜍一样捕食

　　鸡心螺因其外壳前方尖瘦，后端粗大，形状像鸡的心脏或芋头而得名。它们的外壳坚硬，呈纺锤形，有的壳表面平滑，有的壳有螺旋状装饰，它们的色彩及花纹都是斑斓多彩的。

有一种被人们称为"雪茄螺"的鸡心螺有剧毒，据说被它蜇后一般只剩下抽一支雪茄的时间用来抢救。

鸡心螺的种类有协和芋螺、宇码芋螺、百万芋螺、筀肩芋螺、哈纹芋螺、海军上将芋螺、信号芋螺、红羽芋螺、将军芋螺、鼠芋螺、美塔芋螺、焰色芋螺、紫罗兰芋螺等，最常见的有7种，分别是海军上将芋螺、信号芋螺、鼠芋螺、美塔芋螺、紫罗兰芋螺、筀肩芋螺和哈纹芋螺。

❖ 鸡心螺的外观

❖ 鸡心螺

鸡心螺是最古老的海洋生物之一，最早出现在5500万年前，全世界有500多种鸡心螺，有的呈灰色和褐色，有的外壳上有精致图案，非常美丽和珍贵。

❖ 鸡心螺的"鱼叉"线条图

鸡心螺射出的"鱼叉"很小，以至于不注意根本看不清楚，上图为线条图，是放大后的"鱼叉"的样子。

❖ 鸡心螺射出的"鱼叉"

鸡心螺的"鱼叉"的形状各不相同，它是一次性用品，用完就扔。如果捕猎时没击中，鸡心螺会吐掉用过的鱼叉，另换一支，它的鱼叉袋里装着20多支鱼叉。

1998年，泰国一位重量级的政治人物，曾以阿迪瑞克斯为笔名，写过一本名为《金刚效应》的小说，其中有利用鸡心螺毒素暗杀美国总统的情节描述。

鸡心螺的所有毒素都是神经毒，因此科学界对其产生了浓厚的兴趣，通过对鸡心螺毒素的研究，发现它在医药领域有很大的用途。

鸡心螺是肉食性动物，通常捕食海里的蠕虫、小鱼及其他软体动物。它行动缓慢，在捕食时不会主动出击，而是"守株待兔"，像蜥蜴、青蛙和蟾蜍一样射出舌头，捕食靠近的猎物。鸡心螺射出的舌头的杀伤力远比蜥蜴、青蛙和蟾蜍的强，因为鸡心螺射出的是由齿、舌进化形成的"鱼叉"，而且"鱼叉"带有剧毒。

射出有毒的"鱼叉"

鸡心螺的"鱼叉"（舌头）是中空和尖锐的，隐藏在身体

❖ 捕食的鸡心螺

❖ 鸡心螺

前端部分的开口处，当猎物靠近时，它通过肌肉的收缩，将毒液装满"鱼叉"，然后像发射子弹一样，迅速射出"鱼叉"，猎物被刺中后，毒液便会顺着"鱼叉"注入猎物的身体，只需几秒钟，猎物便会肌肉痉挛。假如没有将猎物一次毒倒，使其完全失去战斗力，鸡心螺还会继续多次通过收缩肌肉注射毒液，直到猎物彻底放弃抵抗，然后鸡心螺便会收起它的鱼叉，将已被制服的猎物拖入口中，慢慢享受大餐。

至今已记载几十起由于鸡心螺毒液而导致人死亡的事件，被鸡心螺的"鱼叉"刺中的事件更是数不胜数。

有些鸡心螺的毒素与河豚和蓝环章鱼体内的神经毒素相同。

❖ 鸡心螺射出的"鱼叉"

鸡心螺的毒性极强

鸡心螺的毒性极强，据科学家研究分析，鸡心螺在世界最危险生物中位列第 27 名，它的毒液中含有数百种不同的成分，一只鸡心螺的毒素足以杀死 10 个成年人，而且不同的鸡心螺的毒液并不完全相同，不同种类之间的成分组成差异很大。

猎物在被鸡心螺攻击之前，由生物神经系统和肌肉系统控制着身体，一旦中了鸡心螺的毒素之后，生物神经系统与肌肉系统就会彻底失去控制。即便是人类被鸡心螺的"鱼叉"刺中，轻则剧烈疼痛、溃烂，重则致使心脏停搏，甚至会有生命危险。因此，如果在海边遇到鸡心螺，不要被它艳丽的外表诱惑，去触碰或者捡拾，否则有可能会酿成悲剧。

有一种被研究人员称为"金刚"的鸡心螺，被它的"鱼叉"射中的龙虾会产生像金刚一样的侵略性行为，直到死掉为止。

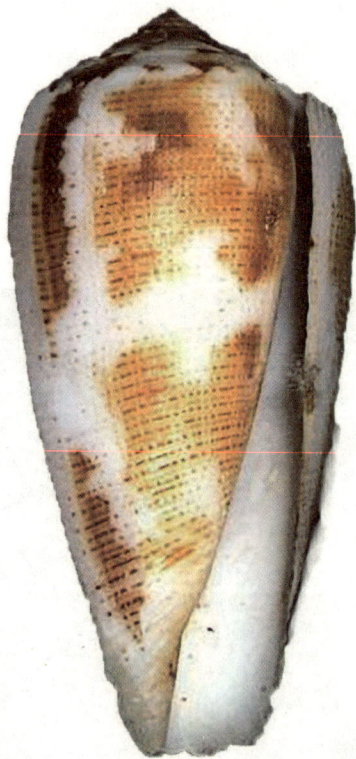

根据鸡心螺的食谱，可以将它们分为 3 类：吃鱼的；吃软体动物的，如其他海螺；还有吃虫子的。吃鱼的鸡心螺的毒性最大，能置人于死地的鸡心螺平时就以捕鱼为生。吃虫子的鸡心螺的毒性最小，被它咬一口，与被蜜蜂蜇一下差不多。

❖ 魔术鸡心螺

有科学家从魔术鸡心螺中提出毒素制成了止痛剂"Ziconotide"，其止痛效果强过吗啡 1000 倍，而且这种止痛剂还不会使人上瘾。

绣花脊熟若蟹

谁都知道螃蟹最厉害的武器是一对大钳子，然而，拥有鲜艳外壳的绣花脊熟若蟹，却不靠大钳子御敌，而是靠体内的剧毒。

绣花脊熟若蟹得名于背部有鲜艳、红白相间、类似于马赛克的网格状花纹，故又称为马赛克蟹。它主要分布在我国台湾地区、东南亚各国、南太平洋群岛、澳大利亚、日本等地，一般栖息于水深 10~30 米、具岩石的海底。

绣花脊熟若蟹的体长约 4 厘米，宽约 8 厘米，头胸甲呈横椭圆形，表面光滑。

绣花脊熟若蟹是已知的世界上最毒的螃蟹。生活在不同海域的绣花脊熟若蟹的体内所含的毒素不太相同，如我国台湾海域的绣花脊熟若蟹含有河豚毒素，而生活在新加坡海域的绣花脊熟若蟹则含有海葵毒素。它们的毒素虽不同，但剧毒程度却相似，根据实验得知：一只成年绣花脊熟若蟹所含毒素足够将 4.5 万只小老鼠杀死，对于这样的"毒物"，人们还是敬而远之比较好。

大多数有毒的螃蟹都属于扇蟹科，它也是海洋中最大的蟹科，约有 600 种。它们身上的颜色比较鲜艳，一般在肌肉和卵中积累毒素，其中包括河豚毒素和食坊蛤毒素这两种最致命的天然毒素。这两种毒素只要 0.5 毫克就可以杀死一个成年人，而且具有热稳定性。哪怕煮熟了也会留在组织内，所以不能食用。

海洋中有剧毒的螃蟹有花纹爱洁蟹、铜铸熟若蟹、正直爱洁蟹、绿宝石蟹和绣花脊熟若蟹。

❖ 绣花脊熟若蟹

等指海葵

没 脑 子 的 智 慧 毒 物

等指海葵拥有多变的颜色，看上去像海底盛开的花朵，但是它却拥有剧毒。等指海葵是一种没有大脑的生物，但是它却是一种有"智慧"的生物，它能主动选择栖息地，并能有策略地与对手作战；遇到天敌捕食时，它的逃跑方式更是堪称高智商。作为没有大脑的海葵，它的这些智慧行为，令人感到非常惊奇。

> 海葵的寿命大大超过海龟、珊瑚等寿命达数百年的物种，是世界上最长寿的海洋动物之一，有些深海海葵的年龄可达 1500~2100 岁。

等指海葵也叫草莓海葵，是一种含有剧毒的海葵属生物，主要分布于地中海、大西洋东部及苏格兰北部 2 米深的海水中。

很像水中飞舞的花朵

等指海葵与大部分海葵一样，构造非常简单，没有大脑，是捕食性动物。它的体型很小，最大仅高 8 厘米左右，拥有多变的体色，身体从里到外呈圈状分布，而且每圈都有许多触手，最多时可达到 192 个，触手呈深红色或红褐色，有的色淡，呈乳黄色到粉红色皆有，看上去很像在水中飞舞的花朵。

❖ 等指海葵

等指海葵喜欢单独或群居于浅海岩壁的阴暗处或洞穴中，一般白天不会张开触手，大多数时间缩成球状，等亮度减弱后，才会逐渐张开触手。

没有大脑却会争夺领土

等指海葵与其他海葵属生物一样，连大脑都没有进化出来，但是它却是一种有"智慧"的生物，会选择适合自己生存的水域，并且会想办法去争夺并占有。

等指海葵生活在食物丰富的水域，如果它发现有更好的水域，而正好有其他等指海葵已经占据时，它就会企图去争夺。它会挥舞着触手，慢慢地靠近其他等指海葵，企图恐吓对方离开，如果这一计不见效，它就会挥舞着触手，向对方刺扎，射出毒素，而被扎的等指海葵也不会示弱，更不会轻易逃离，而是反扎过来，双方要激战许久才会分出胜负，一般等指海葵之间的战斗，胜利者大都是体型较大者。

等指海葵应对天敌的智慧

等指海葵有剧毒，所以很少有天敌，但是浅红副鳚、海星以及部分裸鳃类动物等会毫不手软地捕食各种海葵。等指海葵面对猎食者，不会坐等死亡，它会预判危险，一旦发现猎食者接近，便会迅速射出毒素，然后逃跑，而且逃跑路线并非朝一个方向，而是以曲折的路线行进，迷惑猎食者。猎食者往往几击不中便会放弃追捕。等指海葵有如此高明的逃跑策略，使人不得不怀疑它是否真的是无脑动物。

等指海葵的毒素能使动物血压快速下降，心率减慢，呼吸抑制，从而导致动物死亡，因为这种毒素有降血压的功效，所以被用于制作降压药。

等指海葵称不上稀有动物，它甚至被人们养在鱼缸中，被称为"垃圾葵"。

❖ 海星追捕等指海葵

纽扣珊瑚

美 丽 的 毒 "纽 扣"

纽扣珊瑚多为绿色，也有一些会有更鲜艳的色彩，如黄色、橘色、粉紫色，还有一些会变种成大红色等。它就像盛开着的五彩斑斓的"花海"，让潜水者忍不住想去和它亲近、拍照，但是要小心，它会分泌出一种剧毒，其毒性在自然界中排名第二，所以不可小觑。

纽扣珊瑚非常漂亮，但是拥有剧毒，它是六放珊瑚的一种，是海葵的亲戚，因长得像纽扣而得名，常喜欢附着于浅海的岩石上或珊瑚礁上。

纽扣珊瑚拥有绚丽的外表，而且非常易养，只需投喂一些小型浮游生物或小虾便能养活。它没有攻击性，与其他鱼类或珊瑚也能"和平共处"，颇受许多人的喜爱，被养在家中，但是要小心，它含有剧毒。

纽扣珊瑚所含的毒素为海葵毒素，这种毒素能穿过人的皮肤使人中毒，还能根据温度的变化生成气体，而且少量的气体就能致人死亡。根据实验显示，1克海葵毒素就可以杀死30万只小白鼠和80个成年人，所以纽扣珊瑚不像其外表那样"无害"，无论是观赏还是饲养，都要加倍小心。

❖ 纽扣珊瑚

❖ 如"花海"般的纽扣珊瑚

在夏威夷有这样一个传说：毛伊岛上的一个村子被诅咒了。当年村民们藐视鲨鱼神灵，于是被鲨鱼吃掉。活着的村民将鲨鱼捕杀并肢解焚烧，随后将焚烧后的灰烬倒入哈纳镇附近的一个湖中。不久后，一种神秘的海藻在湖中生长。这种海藻被称为"致命的哈纳海藻"。如果谁不小心把鱼叉放入这个湖中，然后刺伤人，很快被刺伤的人就会被夺去生命。

到了1961年，一位科学家对这个传说中的湖泊进行了研究，发现"致命的哈纳海藻"原来是纽扣珊瑚的近亲（六放虫的一种）。

注意：不要因为纽扣珊瑚的魅力而忽略了它的毒性，不要让有破损的皮肤接触它，如果接触到了，多用热水清洗，并且多冲洗一下，尽可能地分解海葵毒素。

❖ 外表绚丽的纽扣珊瑚

11

蓝环章鱼

在电影《007之八爪女》中，女主角是一位美丽的马戏团女郎"八爪女"，在她的生活中随处可见"八爪鱼"的形象，而这个"八爪鱼"就是蓝环章鱼。导演好像要以"八爪鱼"的形象暗示"八爪女"的性格。因为现实中，蓝环章鱼长得非常小巧可爱，全身图案似金钱豹纹，还会闪烁发光，非常独特，但它有剧毒，而且荣居世界"毒榜"魁首。

电影《007之八爪女》中"八爪女"衣服背后的图案就是一只大蓝环章鱼，而现实中的蓝环章鱼是一种很小的章鱼，主要栖息在日本与澳大利亚之间的太平洋海域中。

身体上密布着蓝环

蓝环章鱼又叫作蓝圈章鱼、蓝环八爪鱼等，它只有橘子大小，即便是将腕臂完全伸展也不会超过15厘米。蓝环章鱼是章鱼中体色最鲜艳的，其体表为黄褐色，上面密布着50~60个蓝环，因此得名。

蓝环章鱼天性胆小、害羞，白天大部分时间躲藏在岩石下，晚上才出来活动和觅食，可谓"毒"与"独"兼备。

❖ 动漫《海贼王》中的蓝环章鱼杀手形象
动漫《海贼王》中的海贼团杀手豹藏，是一个外表像醉汉的剑士，实际真身是只蓝环章鱼。

❖《007之八爪女》

"我是毒物，别靠近我"

动物们能在自然界生存下来，个个都有了不起的保命功夫，蓝环章鱼的保命技能更加独特。

蓝环章鱼的皮肤含有颜色细胞，它可以通过收缩或伸展皮肤，改变不同颜色细胞的大小，来

在小说《恐惧之邦》中，蓝环章鱼被称为"死亡蓝环"，并被反派角色当作瘫痪目标的武器使用。

改变身体的颜色，从而适应环境。即使在游动的时候，蓝环章鱼也会随着不同的环境而改变体色。

如果蓝环章鱼遇到威胁，它身上的蓝环会在1/3秒内进入闪烁模式，发出灿烂的亮光，以警告对方，"我是毒物，别靠近我"。如果警告无效，那么，蓝环章鱼就会释放毒素，一招制敌，因为蓝环章鱼有剧毒。

最毒的海洋生物之一

蓝环章鱼的个头虽小，但却是已知毒性最猛烈的动物之一，它的毒素是一种毒性很强的神经毒素，对具有神经系统的生物来说非常致命，其中包括我们人类。

一只蓝环章鱼所携带的毒素足以在数分钟内一次杀死26名成年人，而且目前还没有有效的抗毒素来预防它。

电视剧《重返犯罪现场》第五季的某一集中，蓝环章鱼毒素被列在武器的选单之中。

❖ 蓝环章鱼
蓝环章鱼的神经细胞已经分化——它们就像电话线一样，组成了网络，它们能使生物电脉冲沿着神经细胞传递信息，并将信息迅速传递到身体的各个部位。

蓝环章鱼不会主动攻击人类，除非它们受到很大的威胁。大多数对人类的攻击发生在蓝环章鱼被从水中提起来或被踩到的时候。另一种头足纲动物——火焰乌贼也能制造与蓝环章鱼相似的毒素。

❖ 手掌中的蓝环章鱼（切勿模仿）

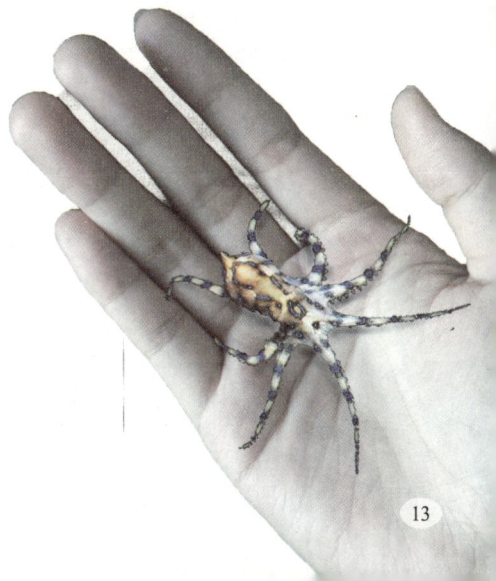

❖ 趴在海底的蓝环章鱼

蓝环章鱼的个头虽小，但分泌的毒液足以在一次啮咬中就夺人性命。由于目前还没有解毒剂，因此它是已知的最毒的海洋生物之一。

在威廉·柏洛兹的小说《西部的土地》中，蓝环章鱼毒也被当作武器来使用。

当生物被蓝环章鱼攻击后，毒素会在被攻击对象体内干扰神经系统，造成神经系统紊乱，这种神经系统的紊乱往往是致命的。

蓝环章鱼虽然有剧毒，但其因形象漂亮而成为景观、首饰等设计的元素。

❖ 蓝环章鱼首饰

蓝环章鱼的毒液不仅有剧毒，而且还能阻止血凝，使伤口大量出血，被攻击者会感觉到刺痛，全身发烧，呼吸困难，重者致死，轻者也需治疗三四周才能恢复健康。

蓝环章鱼由于拥有这种可怕的剧毒，所以成为国外文学作品和影视作品中的大反派，如除了前面提到的《007之八爪女》之外，在美国小说《恐惧之邦》、日本动漫《海贼王》等作品中也能看到蓝环章鱼"毒"的一面。

❖ 蓝环章鱼纪念币

花笠水母

花笠水母是一种含有剧毒的水母，它的体形很普通，半透明的伞盖上有暗黑色的条纹，但是它的触手颜色却十分丰富，有红色、绿色、黄色，甚至彩色，如此缤纷的色彩搭配在一起，不仅让人感觉美轮美奂，甚至仿佛能让人感觉到它的"毒"到之处。

花笠水母是水螅纲中为数不多的"大型"水母，因长得像人们戴的花礼帽而得名。它是少数底栖的水母之一，一生很少游动，主要生活在巴西、阿根廷、日本和我国的黄海和东海水域，在海床或海藻上捕食猎物。

花笠水母有两种触手

花笠水母的伞部直径可达18厘米，与那些伞部直径只有一两厘米的水螅水母相比，它简直就是"巨物"。

花笠水母的伞部辐射分布着黑色条纹，在每道黑色条纹末端都连接有一条触手，这些触手主要有两种，分布在花笠水母的伞缘和伞面。

特别提示：不管何种水母或多或少都有毒，容易引起过敏反应，严重的可致死。所以在遇到它们时，应尽量保持在安全距离或远离它们，以免受到伤害。

一眼看上去，人们能够看到花笠水母的内脏，它们在捕食时，会用布满刺细胞的触手麻痹小鱼后，将整条鱼直接吞下，再慢慢消化，因此如果有幸，还能够看到花笠水母内脏中的小鱼。

20世纪70年代的日本曾出现过1例与花笠水母有关的死亡事件。

❖ 花笠水母

❖ **美轮美奂的花笠水母**

花笠水母在不用触手的时候，会把触手绕在身体的边缘，看起来很像一顶带花的礼帽。

花笠水母是少数具有强烈毒性的水螅水母之一。

香港邮政于 2008 年 6 月 12 日发行了一套"水母"特别邮票，该套邮票首次采用特别印刷技术，具备夜光效果。6 枚邮票分别为花笠水母、八爪水母、啡海刺水母、月水母、幽灵水母和太平洋海刺水母。针对水母会发光的特质，设计师在设计邮票时，特别加入了荧光元素。因此，在欣赏这套邮票时，关掉灯光，会看到邮票自身发出的完美光线。

❖ **邮票上的花笠水母**

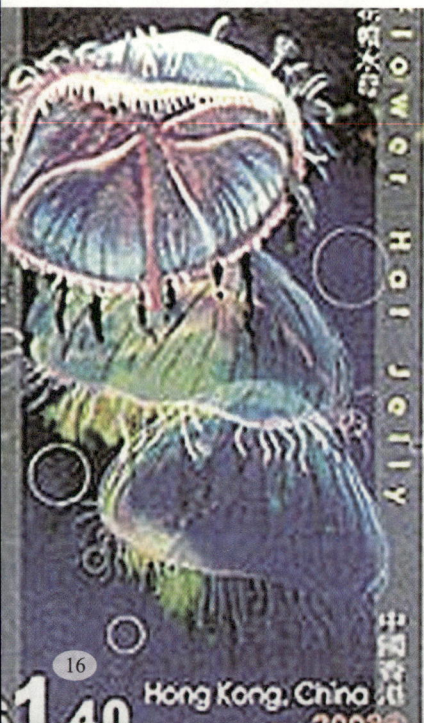

一种是数目众多的短触手，它们大量生长于伞缘，少量分布在伞面上（极少种类的水母伞上有触手），短触手的末端呈荧光绿色和荧光玫瑰红色，十分美丽，这种触手主要起攀附与防御的作用；另一种触手很长，只分布在伞缘，数量较稀少，通常卷曲成弹簧形状，这种长触手的主要作用是捕食猎物。

美轮美奂

花笠水母的生殖器在伞下呈粉红色十字排列；它的嘴凸起并伸出一个垂唇，唇边能发出荧光，结合花笠水母的巨大伞盖和众多的长、短触手，看上去异常美丽。

在海洋生物中，很多生物都是越美丽就越危险，如火烈鸟舌蜗牛、鸡心螺、纽扣珊瑚等，个个美艳无比却也奇毒无比，花笠水母也是美丽毒物大家庭中的一员。花笠水母的体内含有剧毒，人若是被蜇，会引起剧烈疼痛，虽然很少有花笠水母蜇死人类的报告，但却有被蜇而休克的病例，所以在野外见到这种美丽的水母时，最好不要触碰它。

❖ **像礼帽一样的花笠水母**

狮子鱼

狮子鱼身披"彩衣"，它的背鳍、臀鳍和尾鳍都是透明的，上面点缀着黑色斑纹，全身装饰着众多的鳍条和刺棘，乍一看，如同京剧中武生的装扮一般，头插雕翎、身背护旗，一副威风凛凛的样子。

狮子鱼的学名为蓑鲉，主要分布在大西洋、印度洋和太平洋等珊瑚礁海域，它是世界上最美丽、最奇特的鱼类之一。

带有剧毒的毒刺

狮子鱼的体长为25~40厘米，体表黄色，鱼头侧扁，背部长了许多漂亮的鱼鳍。狮子鱼最典型的特征就是有如同大大的扇子一样的胸鳍，上面布有红色到棕色条纹，外观华丽。

狮子鱼的毒刺平常藏在背鳍中，由一层薄膜包围着，当遇到敌害时，薄膜便破裂，从而用毒刺攻击对方。人若被刺后会剧痛，严重者呼吸困难，甚至晕厥。

狮子鱼的长相有极强的视觉冲击力。在美国佛罗里达州和加勒比海附近的海域，这种鱼被认为是最具破坏性的外来物种。它们胃口极大，一餐可以吃掉很多生物。

❖ 狮子鱼

狮子鱼虽然美丽，但却非常危险，因为其背鳍上的刺的毒性很强。每当危险来临时，它就会尽力张开长长的鳍条，使自己看起来显得很大，同时用鲜艳的颜色警告对方。如果对方无视这种警告，它就会顶着毒刺向对方冲刺，使对方轻则麻痹，重则丧命。

狮子鱼的毒性在鱼类中仅次于刺鳐，因此在海洋中几乎没有什么天敌。

让人惊叹的进食能力

狮子鱼虽然有很大的鳍，但它不善于游泳，往往躲在礁缝或珊瑚丛中伏击猎物。捕猎时，狮子鱼会舞动长鳍条，迷惑小鱼，一旦有小鱼进入伏击圈，它就会猛地把四面飞扬的长鳍条收紧，然后一下子窜过去，直接咬住猎物。

狮子鱼的食性很杂，几乎是有什么吃什么，而且胃口很好，它的猎食原则就是只要嘴能塞得下，那就吃得下。曾有研究显示，狮子鱼在半小时内吃掉了20条鱼，堪称大胃王。

❖ 京剧武生——老照片
狮子鱼的背鳍、胸鳍，像极了京剧武生头插雕翎、身背护旗的样子。

狮子鱼鳍条的根部及口周围的皮瓣含有能够分泌毒液的毒腺。

据海洋专家粗略估计，每条雌性狮子鱼每年都会产至少200万枚卵，这可是不小的数字。

❖ 触须蓑鲉

❖ 拟蓑鲉

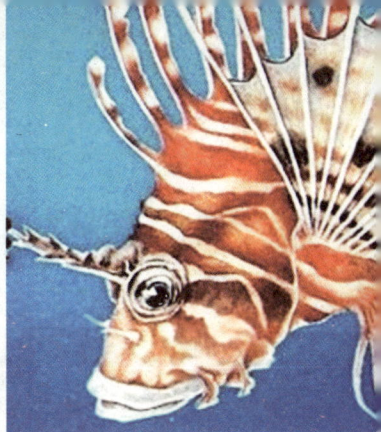

❖ 狮子鱼组图

让人惊叹的繁衍速度

到了繁殖期，雄性狮子鱼的体色就会变暗发黑，颜色更均匀，而且颜色越黑的雄鱼，越容易受到雌鱼的喜欢。这个时期，雌鱼体色则会变得苍白，它们会寻找体色特别黑的雄鱼，然后紧紧跟随，有的雄鱼会有很多雌鱼跟在后面示爱。雄鱼会选择其中一条"心爱"的雌鱼，并围着这条雌鱼转圈，这时其他的雌鱼就会很失落地离开，雄鱼会带着这条"心爱"的雌鱼，从海底游向海面，然后双双碰腹鳍，再对游几圈，便开始做"羞羞"的事了，最后完成受精、排卵。据研究，狮子鱼特别能生，一条雌性狮子鱼每次可产卵 1.5 万枚，而且每隔 4 天就能产一次卵。

美丽的生态杀手

狮子鱼以珊瑚礁为家，以惊人的速度繁殖，每天敞开肚子胡吃海塞，而且身上还有毒刺，吓跑了捕猎者，即使是鲨鱼也不愿靠近狮子鱼。仅凭这几种能力，就决定了它将霸占海洋。

狮子鱼吃掉了能让珊瑚健康成长的鹦鹉鱼的卵和幼鱼，因为鹦鹉鱼可以替珊瑚清理身上的藻类；它还吃掉了能帮助鱼类清除寄生虫的"鱼大夫"，以及石斑鱼、鲷鱼的幼鱼和卵等。

狮子鱼靠嘴、毒以及不断繁殖开疆辟土，只要环境适合，它们就会疯狂地繁殖，有些狮子鱼泛滥的地方，本地物种甚至下降了 90%！已严重破坏了当地的海洋生态系统。

人类一旦被狮子鱼蜇到，伤口会肿胀，并伴有剧烈的疼痛，有时候还会发生抽搐。狮子鱼的毒素是一些对热很敏感的蛋白质，而蛋白质在遇高温、碱、酸和重金属时都会变性，根据这一特性，若被刺伤，应马上将伤口浸入 45℃ 以上的热水中 30~60 分钟，既可缓解疼痛，也可以分解一部分毒素，然后尽快就医。

❖ 繁殖期的雄性狮子鱼

无奈之下，海洋保护组织只能派人潜入水下，将狮子鱼刺死后再喂食鲨鱼，以培养鲨鱼捕食狮子鱼的兴趣，但这只能稍微扼制狮子鱼的数量疯狂增长的势头。此外，在有些狮子鱼泛滥的海域，当地还公布了烹饪狮子鱼的方法，希望能发挥"吃货"的能力，用人类的胃来拯救被狮子鱼破坏的生态环境！

❖ 繁殖期的雌性狮子鱼
在美国佛罗里达海域，由300多名获颁专业执照的潜水员组成的捕杀队，已开始对加勒比海地区开曼群岛附近水域的狮子鱼进行捕捉，以遏制它们对周围水域生态环境的破坏。
狮子鱼的食量惊人，一条狮子鱼半小时内可以吃掉20条小鱼。如今，狮子鱼在加勒比海分布广泛，并已严重危害一些渔业资源稀缺、潜水者众多的区域的生态环境。

19世纪末，有一些水族爱好者无意中将狮子鱼放生到加勒比海和美国东南海域，仅仅过了20年的时间，狮子鱼就迅速占领了加勒比海和墨西哥湾，南至哥伦比亚和委内瑞拉，北至美国北卡罗来纳州的海域。

❖ 抓捕狮子鱼

僧帽水母

　　僧帽水母全身通常是明亮的紫色或蓝色，就像漂浮在海面上的气球或彩带，随波逐流，在阳光下不停地闪烁着，看上去绚丽多彩，让人有想去触摸的冲动，然而，它的触须上却布满了无数含毒的刺细胞，里面的毒液和眼镜蛇的毒液一样致命。

　　僧帽水母主要分布在亚热带海域，一般出现在墨西哥湾暖流中，常被风吹到海边或随海流运动，以小鱼、浮游生物和其他水母为食。

水螅的群居体

　　僧帽水母并不是一只水母，而是水螅的群居体，而且每一个水螅个体都高度的专门化，互相紧扣，它们不能独立生存。

　　僧帽水母的直径为 10~15 厘米，其漂浮在水面上呈淡蓝色、透明如彩虹囊状般的浮囊体前端尖、后端钝圆，顶端耸起呈背峰状，形状颇似出家修行的僧侣的帽子，故被取名为僧帽水母。

　　僧帽水母喜欢过集体生活，各大暖海中都有它们的踪迹。僧帽水母的浮囊上有发光的膜冠，能自行调整方向，借助风力在水面上漂行，酷似 16 世纪的葡萄牙战舰在海面上航行，因而也被称为"葡萄牙军舰水母"。

❖ 僧帽水母

僧帽水母分泌的毒素属于神经毒素，随着时间的推移，毒素的作用逐渐加重，伤者除了遭受剧痛之外，还会出现血压骤降、呼吸困难、神志逐渐丧失的情况，并会休克，最后因肺循环衰竭而死亡。

❖ 被海浪冲上沙滩的僧帽水母

❖ 与僧帽水母共生的小鱼

致命的杀手

僧帽水母是海洋中最致命的杀手，它的浮囊体下方呈青蓝色，有长达 12 米的带毒刺的触须，因此对海洋动物、潜水者和游泳者来说都十分危险。很多时候，当潜水者或游泳者看到僧帽水母时，再想躲避就已经来不及了，因为僧帽水母的触须已经悄然地将人缠住。

僧帽水母触须上的刺细胞会分泌致命毒素，虽然单个刺细胞所分泌的毒素微不足道，但是成千上万个刺细胞同时分泌毒素，其毒性不输于当今世界上任何的毒蛇的毒液。

据资料显示，被僧帽水母蜇成重伤的人中，生还者仅有 32%，而且这部分人中还有很多人会因此致残，更让人恐惧的是，几乎每个被僧帽水母蜇伤的人，即便无生命危险，身上也都会留下无法祛除的伤痕。

微妙的共生

僧帽水母的触须有剧毒，但是却有很多海洋生物并不在意。比如，美国作家海明威在《老人与海》中曾这样描述："那位老渔民从小船上向海中望去，看见一些小鱼，它们的颜色变得跟那些拖长的触手一样，并且在触手之间，在漂浮的气囊所构成的阴影下面游动着。触手上的毒伤害不了它们……"《老人与海》中描述的就是一群小鱼与僧帽水母共生的场景。

有一些小鱼能在僧帽水母的触须中生存，如小丑鱼、巴托洛若鲹和军舰鱼等，它们身上有黏膜保护，不会刺激僧帽水母的触须，因此不会被蜇。这些小鱼会将僧帽水母作为它们的靠山、生活基地，平时在僧帽水母周围活动，一旦有大的猎食鱼类出现，它们就会迅速逃入僧帽水母的触须中，而被吸引过来的猎食者，往往会被僧帽水母的"毒手"抓住，成了它的美餐。僧帽水母会与这些小鱼一起分享食物，它们之间形成了一种微妙的共生关系。

❖ 被僧帽水母蜇死的鱼

❖ 蓝龙在吃僧帽水母

蓝龙常年生活在浅海中，通常以水螅、水母等为食，它还能将水母的毒素存储起来，遇到威胁时可以释放这些水母毒素。

僧帽水母的克星

僧帽水母是绝大多数海洋猎食者不敢惹的毒物，然而，它们却是大海龟和某些海蛞蝓（蓝龙）的美食。

海明威在《老人与海》中也有描述僧帽水母被海龟吞食的场景："带彩虹的气泡很美丽，然而它们是海里极其虚幻的东西，老头儿喜欢看巨大的海龟在吃它们。海龟发现它们以后，就从下面游到它们跟前，然后闭上眼睛，身子完全缩在龟甲里，再把它们连同触手一并吃掉……"

能吃僧帽水母的海龟有好多种，如棱皮龟和蠵龟等，它们对僧帽水母的毒液有天生的免疫力。棱皮龟或蠵龟发现僧帽水母群后，会毫不犹豫地冲进去，然后开始疯狂地撕咬，吞食僧帽水母，即便是比较脆弱的眼睛被僧帽水母蜇肿，它们也不在意，因此僧帽水母遇到大海龟后，也只能听天由命，任其吞噬。

僧帽水母的毒性非常强，即便是没有生命危险，任何被蜇伤者的身上都会出现恐怖的类似于鞭笞的伤痕，经久不退。

僧帽水母的毒是一种神经毒，半尺长的鱼如果被它的触须缠住，很快就会死去。

❖ 冲入僧帽水母触须中的棱皮龟

23

海兔

超 萌 可 爱 的 海 蛞 蝓

海兔不是兔子，它的身上一前一后长有两对触角，后面一对触角分开呈"八"字形，斜伸着，嗅寻着四周的气味。休息时，它的触角并拢，笔直向上，恰似一只蹲在地上竖着一对大耳朵的小白兔，超萌可爱。

两只海兔的交配通常会有3种情况：一种情况是通过战斗决定雌雄性别。在动物世界里，为争夺交配权进行战斗的情况时有发生。但海兔的情况则更为惨烈，因为谁一旦打输了就会变为雌性，从怀胎产卵到抚养下一代全权负责；另一种情况则相对温和，两只海兔交配后会进行"性别互换"，开始进行第二次交配。还有一种情况，也是最常见的，它们会群体形成串联，一起交配。

这种海蛞蝓身体表面有一些小的感官结节，有些大的结节就形成了"耳朵"，看上去与毛茸茸的兔子很像，最早被罗马人称为"海兔"。后被世人所公认，因而得名。日本人称它为"雨虎"。

❖ 海兔

海兔既不是兔也不是蛞蝓，而是螺类的一种，它的踪迹遍及全球海域。

分工明确的身体构造

海兔是海蛞蝓中最具代表性的一种，头上有两对分工明确的触角，前面一对稍短，专管触觉；后一对稍长，分开呈"八"字形，专管嗅觉。

海兔的体型较小，一般体长仅10厘米，体重130克左右，身体呈椭圆形，它和其他海蛞蝓一样，没有石灰质的外壳，而是退化成一层薄而透明、无螺旋的角质壳，被埋在背部外套膜下，从外表根本

看不到（这一点和蛞蝓相同，故又名海蛞蝓）。海兔的足相当宽，足叶两侧发达，平时海兔用足在海滩或水下爬行，并借足的运动进行短距离游泳，运动时它的身体会变得细长。

吃什么颜色的海藻就变成什么颜色

海兔和大部分海蛞蝓一样，喜欢在海水清澈、水流畅通、海藻丛生的环境中生活，主要以各种海藻为食。它们的体色会随着进食的海藻的颜色改变而改变，如果进食绿色海藻，其体色就会变成绿色；如果进食紫色海藻，那么它们的体色就会逐渐变成紫色；除此之外，有的海兔还能长出绒毛状和树枝状的突起，从而让自己隐藏起来，不让猎食者发现，避免了不少麻烦和危险。

海兔的主动防御能力

海兔除了能靠隐身来消极避敌外，还具有主动防御能力，它的体内有两种腺体，

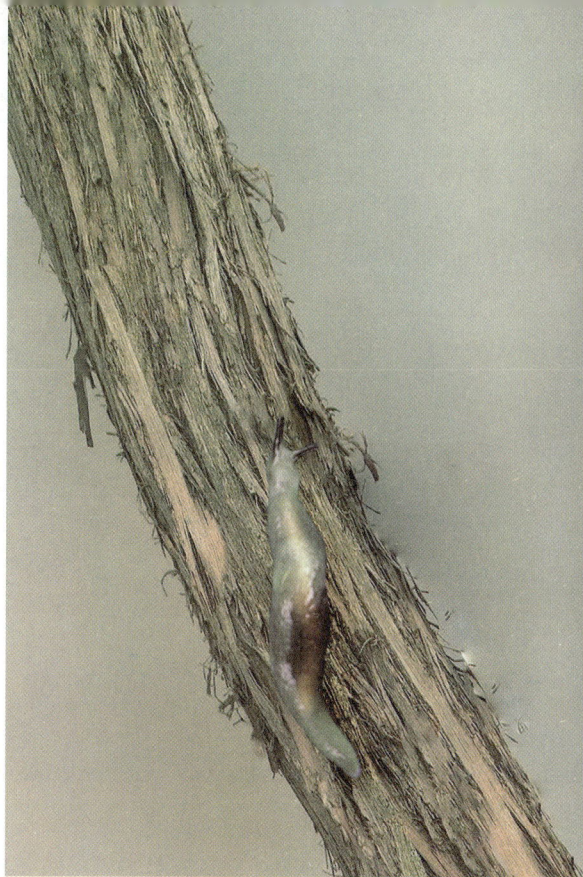

❖ 蛞蝓

蛞蝓又称蜒蚰，俗称鼻涕虫，是一种软体动物。海蛞蝓是长得像蛞蝓的海洋生物，而海兔又是海蛞蝓中最常见、最具代表性的一种。

常有人以为海蛞蝓就是海兔，有些书可能还会告诉你，海蛞蝓又称海牛、海麒麟、海鹿等，其实海蛞蝓是多种壳已经消失或退化的腹足动物的泛称，海兔、海牛、海麒麟、海鹿等分别是海蛞蝓中的一种。

❖ 长出绒毛状突起的海兔

❖ 软萌萌的海兔

在遇到危险时，一种腺体能释放出一种体液，很快将周围的海水染色，借以逃避敌人的视线；还有一种腺体是毒腺，能释放出气味难闻的乳状毒汁，一般情况下，敌人闻到这种气味，就会远远地避开，因为这种乳状毒汁是一种"化学"武器，能使大部分猎食者中毒受伤，甚至死去。

❖ 移动中的海兔

奇特的繁殖方式

海兔和大部分海蛞蝓一样，属于雌雄同体，它们体内同时拥有雌性器官和雄性器官，但是它们需要进行异体受精才能繁殖。

每年春天都是海兔的繁殖季节，常常会有几只到几十只海兔，成串地如电磁正、负极一样串联在一起交配，这个时间会持续数小时，甚至数天之久。

海兔会在交配过程中或分开几小时后产卵，它们产出的卵子会相互由分泌的胶状物黏成一串卵链，有的可长达几百米，外表看上去如粉丝，广东沿海将其称为"海粉丝"。

海兔产卵甚多，据科学家统计，1 米长的卵链上就有 6000 颗左右的卵，但能孵出的极，因为大部分都会被各种动物吞食掉了。最终孵出的海兔，经过 2~3 个月后就能发育成成体。

海洋中还有一种叫碎毛盘海蛞蝓的动物长得十分像兔子，也常常被称为"海兔子"，其实它不是海兔，而是盘海牛科的生物，它和海兔只能算是亲戚。

❖ 进食绿色海藻的海兔

❖ 进食红色海藻的海兔

❖ 进食紫色海藻的海兔

叶羊

能进行光合作用是陆地植物的标志，多数动物如果想靠光合作用苟活，都只会入不敷出。生活在海底的叶羊却打破了绝大部分人的认知，因为它能靠光合作用度过一生。

叶绿素能吸收阳光总能量的 3%~6%。就算人们躺在地上接收一整天的阳光，摄取的能量还不如我们吃上几把谷子。因此，一般可以简单粗暴地认为，动物很难仅靠光合作用生存，只有植物可以靠光合作用生存。但是这一点却被生活在海洋中的叶羊打破，因为它是一种能依靠光合作用度过一生的动物。

叶羊是一种藻类海蛞蝓，身体上有一层薄薄的皮壳，主要分布在日本、印度尼西亚、菲律宾等海域。

叶羊的身体只能长到 5 毫米长，其外形就像小绵羊一样，有毛茸茸的触角，小而明亮的眼睛，而且像羊一样也是以草类（海藻）为食，于是被人们亲切地称为"叶羊"，又称为小绵羊海蛞蝓。

❖ 叶羊

叶羊能利用进食到体内的"草类"，为身体提供养分，然后只需像植物一样，每天晒晒太阳，将食物中的叶绿素转化成身体所需的能量，当身体养分不足时，只需吃几口身边的海藻，再继续晒太阳就能存活。

叶羊的这种生存技能就像生命中的"黑科技"，它是迄今为止唯一可进行光合作用的动物。这种可以将食物中的叶绿素转化到自己体内，并为自己所用的过程，生物学将其称为盗食质体。

❖ 叶羊造型的饰品

叶羊是通过体外受精繁殖的，在经过孵化且没吃海藻前，它们的身体呈透明状，直到开始进食藻类，体色才会慢慢变成绿色，这也意味着它们发育成熟了。

没吃海藻前，叶羊的身体呈透明状。

❖ 叶羊幼虫

剃刀鱼

剃刀鱼身上布满彩色的花纹，可以随时改变体色，伪装成树叶、海草、珊瑚、羽毛等，与周围环境完美地融为一体，使猎物和猎食者都无法发现它。

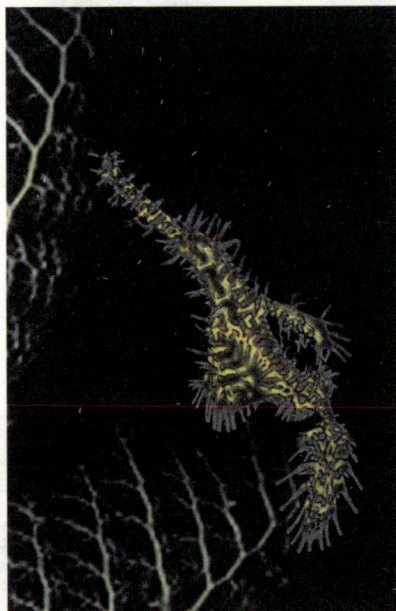

剃刀鱼别名彩点刀，它和海马、草海龙、叶海龙是亲戚，同属海龙亚目，因此也被称为假海龙，原产于西太平洋和印度洋的热带海域。

剃刀鱼与草海龙长得很像，只是体型小很多，它们只有 10 厘米长，从嘴吻到躯干布满须状突起，吻很长，呈管状，口小而斜。背鳍、臀鳍、腹鳍和尾鳍呈锯齿形的边缘，形如树叶般多姿多彩。

剃刀鱼的性情温和，常常成对出现，偶尔也有小群聚集，通常生活在有藻类的珊瑚礁区，拟态成珊瑚、枯叶、水草或者漂浮物，伺机捕食小鱼、小虾以及蚊子幼虫和水蚤等，因其体型很小，并且身体颜色会变为环境接近色，所以很难被发现。

❖ 剃刀鱼

❖ 藏在水草中的剃刀鱼

❖ 拟态成水草的剃刀鱼

　　剃刀鱼哺育下一代的方式和草海龙很像，也是通过育婴囊哺育下一代，但不同的是，草海龙的育婴囊在雄性草海龙的尾部，而剃刀鱼的育婴囊是由雌性剃刀鱼的左、右腹鳍结合形成，因此，哺育幼鱼的任务是由雌性剃刀鱼独立完成的。

❖ 白色剃刀鱼

剃刀鱼的种类很多，最常见的剃刀鱼品种有白底、黄底、黑底和红底的。

❖ 藏在珊瑚中的剃刀鱼

梦海鼠

梦海鼠并非一种鼠，而是一种生活在深海的奇特海参，透过吹弹可破的透明身体，可以看到它的红色内脏，因此它被称为"深海甜心"，有时被称为"粉红透明幻想曲"。

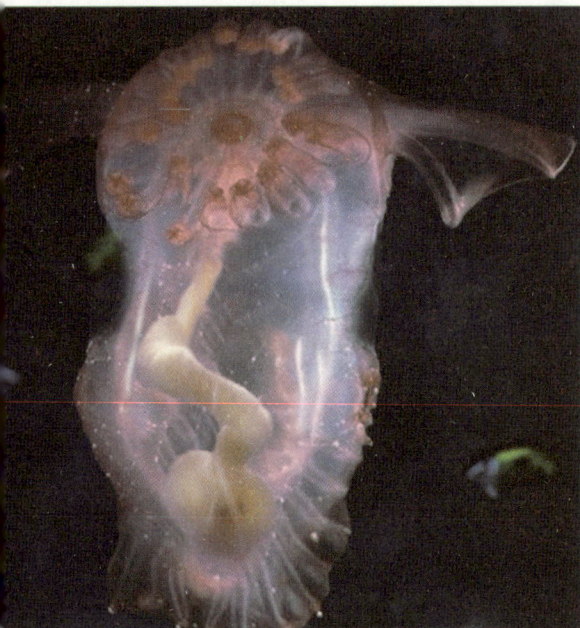

梦海鼠是一种深海游泳海参，主要生活在太平洋西部西里伯斯海水深 2000 米以下的漆黑海底，所以很少被发现。19 世纪 80 年代，人们在墨西哥湾北部 2700 米深的海底处最早发现这种奇特海参。2018 年，人们又在南大洋海域发现了它们的踪迹。

通体红得透明

梦海鼠通体透明，体长 11~25 厘米，身体前部延伸出 12 条圆锥形触须，像一个网状面纱。

梦海鼠幼崽的体色呈淡粉红色，随着成长，颜色会逐渐加深，变成红棕色的半透明身体，年老后颜色会变成深棕红色到紫色。在灯光照射下，它们的身体颜色更是红得透彻、透明，连藏在身体内的肠子都能看得清清楚楚。

无头鸡海怪

梦海鼠的游泳器官进化程度偏低，但是即便是这样，也已经超越了绝大部分海参的游泳能力。梦海鼠喜欢在海底游泳，由于体态笨拙，远远看去，像是一只褪了毛、没有头的烤鸡，因此被科学家戏称为"无头鸡海怪"。

❖ **梦海鼠的消化器官很显眼**
梦海鼠有红色透明的外表，人们一眼就可以看到它的消化器官。

❖ **梦海鼠**

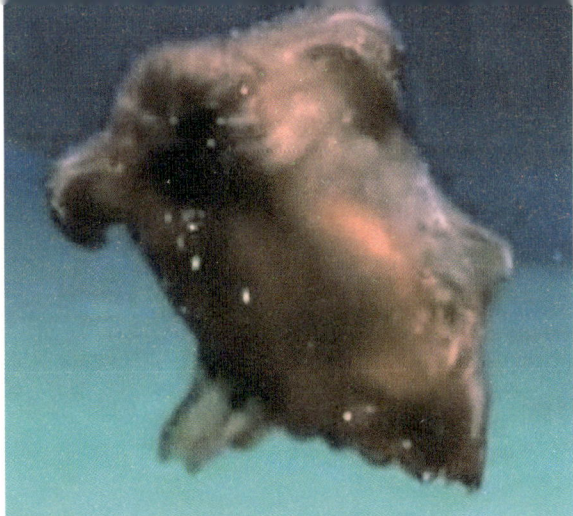
❖ 在南极洲海域拍摄到的梦海鼠

这是2018年电视台播出的在南极洲海域拍摄到的梦海鼠，这是在南极洲海域首次拍摄到梦海鼠。

❖ 无头鸡
远远望去，梦海鼠的形象很像一只无头鸡。

梦海鼠虽然经常游泳，过着半浮游生活，但大多数时间会降落在海底，像普通海参那样取食海底沉积物。

会发光的海底生物

梦海鼠常年生活在阳光无法穿透的深海，因此，它和大部分海参不同，却和很多深海动物一样，具有发光器官，能在漆黑的深海发出幽蓝色的生物光。

普通海参遇到猎食者时，会扔掉内脏，转移猎食者的注意力，然后再伺机逃跑，而梦海鼠却和普通海参不同，它们不需要靠丢弃自己内脏的方式保命，梦海鼠会通过发光器官，发出不同强弱的光，闪烁着，以恐吓和警示的方式，来降低被猎食者捕食的风险。

如果被天敌发现了，海参能将体内的肠子、肝脏以及大量的体腔液抛出体外，迷惑敌人，然后身体会借助反作用力，迅速逃之夭夭，一段时间后海参又能长出新的内脏。

❖ 海参

裸海蝶

　　裸海蝶是一种浮游生物，它通体透明，主要生活在北极和南极等较为寒冷海域的冰层之下，它们挥动着透明的翅膀，好似传说中的天使，终身漂浮在冰层之下的海水中，因此被誉为"海天使"。

2009 年，日本兵库县但马附近海域发现一批神秘的"客人"——裸海蝶。至于裸海蝶来到这里的原因，科学界并没有给出合理的解释，但是这里的海水相对比较温暖，裸海蝶并不能完全适应环境，而后大量死亡。

　　裸海蝶又名冰海精灵、海天使，它既不是水母，也不是萤火虫，而是腹足纲、翼足目、海若螺科的一种翼足类软体动物，实际上就是一种浮游生物，主要分布于北极和南极附近海域的冰冷海水中。

裸海蝶从咽喉里伸出 6 条触手，开始捕食。

❖ 裸海蝶

❖ 裸海蝶的捕食状态

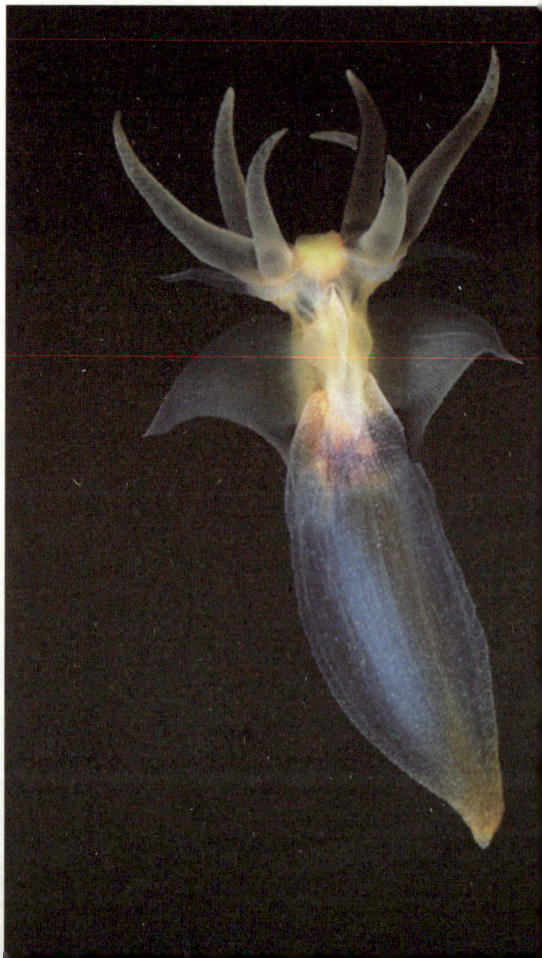

令人恐怖的进食方式

裸海蝶全身呈半透明状，体长仅有人类小指一节的长度，身体中央有红色的消化器官，非常醒目，给这种冰海精灵增添了几分仙气和灵气。

裸海蝶拥有美丽的外表，却无法掩盖其食肉的本性，它们多以浮游小动物为食，最爱的食物是海蝴蝶（翼足螺），而且进食方式十分恐怖。

裸海蝶一旦发现猎物，便会扇动翅膀，迅速逼近猎物，然后张开头部，从咽喉里伸出6条触手，将食物拉入腹内，然后慢慢消化。

❖ 两只翩翩起舞的裸海蝶

雌雄同体却不能自我受精

裸海蝶为雌雄同体的生物，但是它们却不能完成自我受精，必须和其他同类进行交配才能繁殖后代。交配时，两只裸海蝶会结合在一起，互相为对方的卵子受精。

刚出生的裸海蝶的身体有外壳保护，长大后才会褪去外壳，逐渐长成一对透明的翅膀，使这种小小的精灵能自由地翱翔在海洋之中，成为名副其实的"海天使"。

❖ 一群裸海蝶

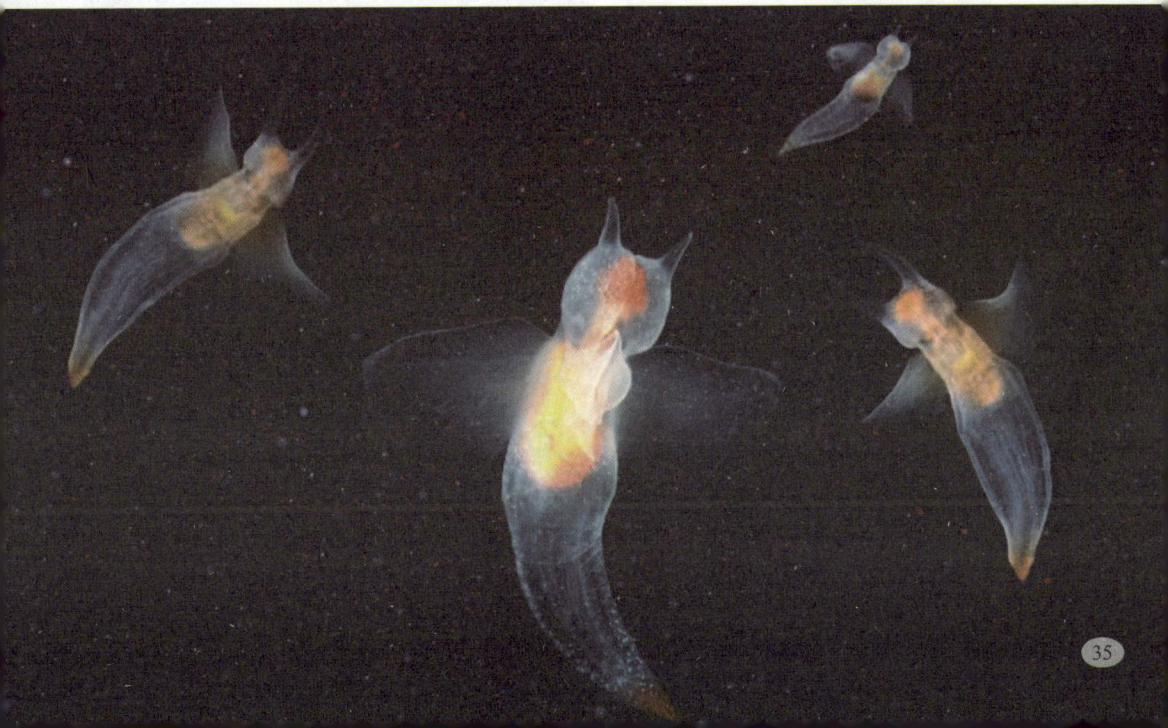

豆丁海马

豆丁海马不仅是世界上最可爱的海马，也是世界上最小的海马之一。近年来，随着世界各地潜水热，豆丁海马也因其娇小、可爱的身材而成为潜水界最流行的明星，很多潜水爱好者专门带着放大镜前往有豆丁海马出没的海域，仅为一睹它的芳容。

豆丁海马身长大约 2 厘米，是海马家族中的矮个子，被潜水员们称为侏儒海马，主要分布在北纬 20°到南纬 20°之间的海域。

令人惊艳的隐形高手

全世界第一只豆丁海马是在 1996 年发现的，它生长在柳珊瑚上，发现者是大洋洲水族馆的研究人员乔治·巴吉班特，因此以他的姓氏命名为"巴氏豆丁海马"。

豆丁海马主要攀附在柳珊瑚上，其体色会随着各自寄宿的柳珊瑚的颜色而拟态成不同颜色，如红色、灰色、黄色、白色等，如今最常见的豆丁海马有瘤豆丁、平豆丁和棘豆丁 3 种。

❖ 豆丁海马

❖ 豆丁海马的身体

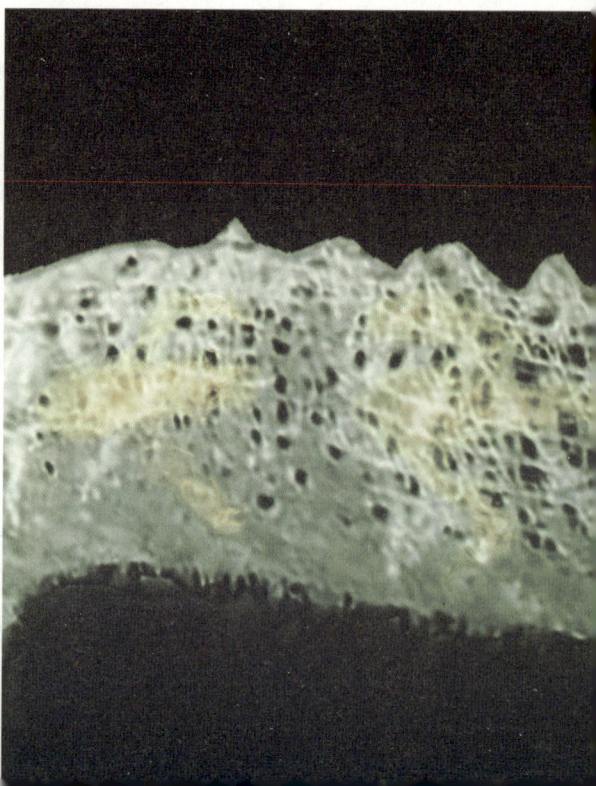

❖ 一只不足花生米大的豆丁海马

豆丁海马能随时改变体色，隐藏在攀附的柳珊瑚枝杈中，因此很难被发现，即便是被天敌发现，它们也能第一时间逃入柳珊瑚枝杈中，消失得无影无踪。

雄海马怀孕生子

豆丁海马的个体很小，在茫茫大海中很难遇到另一半，所以为了更好地繁衍后代，豆丁海马一般从很小就开始成对或者成群地栖息在一株柳珊瑚上。

豆丁海马的繁殖方式很独特，它们由雄性豆丁海马怀孕，并且全年都有繁殖现象，一般雌性豆丁海马会将卵产在雄性豆丁海马身体上的育儿囊中受精，雄性豆丁海马则负责孵卵。

一般一对成体豆丁海马能孵化出 3~4 只幼体，豆丁海马幼体的外观就是缩小版的成体豆丁海马，它们不会获得父母的特殊照顾，从小就要靠自己捕食养活自己。

❖ 攀附在柳珊瑚上的豆丁海马

❖ 成对的豆丁海马攀附在柳珊瑚上

❖ 狩猎中的豆丁海马

❖ 一只形态可爱的豆丁海马

聪明的捕食方式

　　豆丁海马捕食的对象是桡足类动物，这种动物逃跑速度很快，所以极难捕捉。

　　别看豆丁海马长得迷你可爱，它们可是聪明且凶狠的猎食者，它们一旦发现目标，就会像海扇珊瑚的断肢一样，随水流漂近猎物，然后突然发起攻击，一击制胜。除了主动攻击之外，豆丁海马还会利用柳珊瑚的枝杈，组成如蜘蛛网一样的陷阱，它们会咬破柳珊瑚的枝杈，枝杈上的伤口会流出一些汁液，这便是豆丁海马的诱饵，做好这一切准备工作后，豆丁海马便会潜伏在柳珊瑚中，坐等猎物入网。

单株柳珊瑚上发现豆丁海马的最高纪录为 28 只。

狗头鱼

狗头鱼的体表无鳞，头部看上去似萌萌的土狗，它们常匍匐在海底或礁岩上不动，睁着两只圆鼓鼓的眼睛，如同乞食的小狗，使人不禁心生怜爱。

狗头鱼又叫叉鼻鲀，种类繁多，广泛分布于印度洋及西太平洋的珊瑚礁海域。

凶猛的猎食者

狗头鱼是一种凶猛的猎食者，主要捕食小鱼、贝壳类和藻类，它们虽然没有牙齿，却能靠像鸟喙一样的嘴部结构碾碎猎物。

❖ 黑斑叉鼻鲀

狗头鱼身体内的毒素是由体内共生的细菌产生的，其自身的细胞膜具有特殊结构，因而对这种毒素免疫。

大部分狗头鱼都含有河豚毒素，微量即可致命，因此海洋中很少有猎食者愿意去招惹它们。但是，任何事总有例外，虽然猎食者不愿意招惹它们，不等于狗头鱼就不会遇到危险。在遇到危险时，它们会猛吸空气和海水，使身体迅速膨胀，变成圆球形，使猎食者无从下口，样子超萌。

❖ 狗头鱼

❖ 菲律宾叉鼻鲀

❖ 腹纹叉鼻鲀

高度近视，却有超强听力

狗头鱼最大体长可达40厘米，头上有一对相对于身体来说很大的眼睛，但是却高度近视，基本上超过1米以外的物体就看不清楚了。但它们却有另一项独特的本领，那就是超强的听力。

狗头鱼能听见2~2800赫兹的声波，也就是说，它们不但能听见人类能听见的声音，还能听到人类听不见的次声波。

很多叉鼻鲀（狗头鱼）都含有河豚毒素，微量即可致命，大多数叉鼻鲀的毒素分布在内脏，但因品种的不同，毒素分布的位置也有所不同，有的叉鼻鲀甚至连肌肉和皮肤都有毒，也有个别另类的无毒叉鼻鲀。

狗头鱼有剧毒，它们在海底的天敌很少，但是龙头鱼却对河豚毒素有天生的免疫力，因此是狗头鱼的天敌。

❖ 星斑叉鼻鲀

花园鳗

花园鳗呈管状，身体颜色美丽，常半身埋在海底沙土中，只露出上半身，随着水流晃动，好像是从花园里生长出来的植物一样随风摇摆。当成群的花园鳗在同一个海域翩翩起舞时，场面更是壮观。

花园鳗其实不是学名，它是康吉鳗科中异康吉鳗属和圆鳗属的一些物种的统称，主要分布于热带至亚热带的大洋，栖息于珊瑚礁沙质海底。

靠尾巴挖洞

花园鳗的身体呈管状，成体长约 40 厘米，体形细长，常年插在海底的洞穴中，只露出上半身随海流晃动，靠捕食浮游生物为生。

花园鳗藏身的海底洞穴是靠尾巴挖出来的。它们选择好栖息地后，便会将尾巴插入沙子中，然后不断扭动、抖动，缓慢下"挖"，使沙子上出现一个适合自己身体大小的孔，同时花园鳗还会分泌黏液，加

❖ 翩翩起舞的花园鳗

❖ 两条吵架的花园鳗

❖ 悄悄探出脑袋的花园鳗

潜水员要想观看花园鳗翩翩起舞的场景，只能悄悄地潜到附近，远远观看，或者远距离拍摄，否则一定会惊吓到它们。

花园鳗中的横带园鳗是颜值最高、名气最大的一种，又被称为"锦穴子"，其最大的特征就是身上有一圈圈橙白相间的条纹，使它们看起来好像是圣诞节的拐杖糖一样。

❖ 横带园鳗

❖ 哈氏异康吉鳗

有一种花园鳗叫作哈氏异康吉鳗，它们的头部纹理和颜色黑白相间，遍布大小斑点，时尚感十足，与日本犬种"狆"很像，因而又得名"狆穴子"。

固孔洞壁的沙子。洞穴挖好后，花园鳗便会将身体插入洞穴，然后留身体的 1/3 及头部在外面，好像是从水底长出的植物一样。

天生胆小

花园鳗喜欢成群地在同一个海域筑巢，而且巢穴一个挨着一个，离得非常近，成群的花园鳗会在海底随着水流翩翩起舞，场面非常壮观。

花园鳗的胆子非常小，而且戒心非常强，一有风吹草动，它们就会迅速缩进洞穴。直到危险解除后，它们才会小心地探出脑袋，左顾右盼，确定安全后，才从洞穴中伸出身体，继续随着水流起舞。

❖ 群居的花园鳗

搞笑的吵架方式

有传言，花园鳗可能会因为突然受到惊吓或遇到强烈的闪光而紧张得死去。如此胆小的花园鳗却有非常强的领地意识，为了捍卫领地，它们几乎每天都会因为离邻居太近而互相吵架，它们不仅吵架，甚至还会拉帮结派地吵架，但很少见到花园鳗真正地打架，因此它们之间的吵架，只是为了通过警告、威慑、抗议等相对理性的方式来解决领土争端，这个吵架的过程显得格外的搞笑。

当你看到两条花园鳗缠绕在一起时，别以为看到了难得一见的花园鳗之间的战斗，因为那不是打架，而是一公一母，人家两口子在秀恩爱呢！

花园鳗以其可爱的形象受到人们的喜爱，尤其是日本人对花园鳗更加喜爱，大街小巷中充斥着各种与花园鳗有关的玩偶、工艺品，甚至是花园鳗形象的面包。

❖ 花园鳗面包

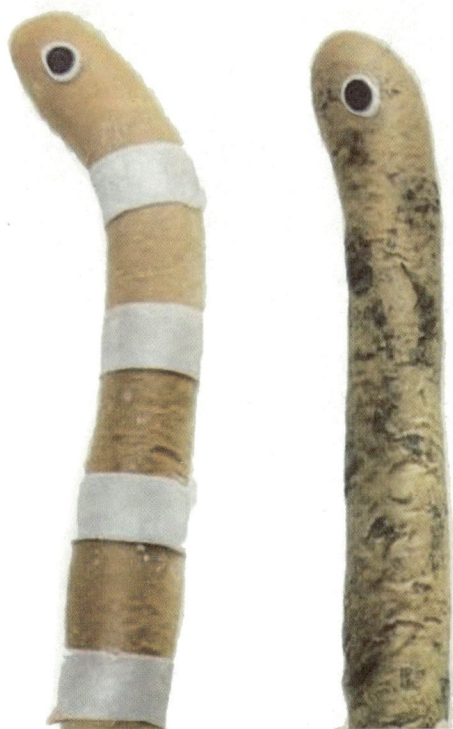

玻璃鱿鱼和玻璃章鱼

玻璃鱿鱼和玻璃章鱼隐藏在漆黑的深海中，它们的身体除了消化器官和眼睛之外，几乎都是胶状透明的，因此很难被发现。

玻璃鱿鱼的眼睛构造复杂且发达，眼睛后下方有一个椭圆形的小窝，称为嗅觉陷，为嗅觉器官，相当于腹足动物的嗅检器，为化学感受器。玻璃鱿鱼虽然近乎透明，但是它的皮下具有色素细胞，可使皮肤改变颜色的深浅，适应不同深度的海域。

❖ 玻璃鱿鱼

玻璃鱿鱼和玻璃章鱼都有透明的身体，看起来吹弹可破，它们仿佛并非地球生物，隐藏在漆黑的深海中，为浩瀚的海洋平添了许多亮色。

玻璃鱿鱼

玻璃鱿鱼主要分布在中大西洋海脊，它的体长 150 毫米左右，身体几乎全透明，在遇到攻击时会将头缩进"外套膜"中，就像缩头乌龟一样，不过，它会适时地从"外套膜"中喷射出墨液，将附近的海水染黑，以迷惑敌人，然后乘机伪装并消失在黑暗之中。

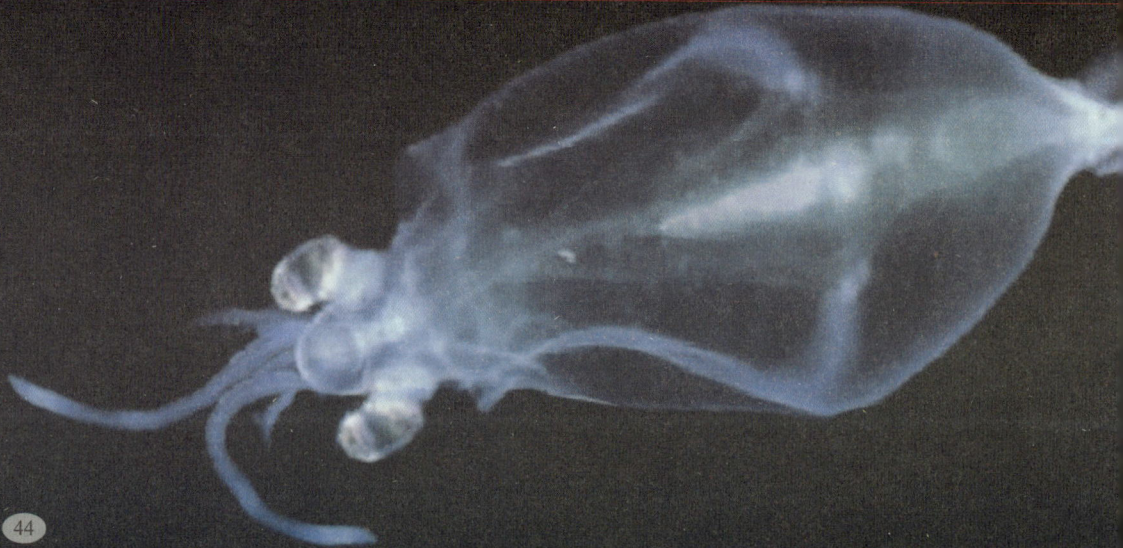

玻璃章鱼

玻璃章鱼是世界上最神秘的动物之一，主要分布在热带和亚热带海域，生活在300~1000米的深海中，身体几乎全透明，所以很难被发现。

玻璃章鱼的特殊之处在于它的眼睛，其他海洋生物的眼睛是圆的或大而圆的，而玻璃章鱼的眼睛虽然也是圆的，但从侧面看却是长方形的，这种形状的眼睛在深海中很容易被猎食者忽略。

玻璃章鱼和玻璃鱿鱼都属于杂食性海洋生物，它们在深海中借助自身的伪装来适应光线的改变，从而更有效地藏身于独特的幽暗海洋环境中，伏击螃蟹、鱼、贝壳类动物、浮游生物及其他软体动物等。

❖ 玻璃章鱼

沙钱

沙钱长得憨憨笨笨的，外壳上有漂亮的花纹，常被海浪掀翻在海滩上，无法逃脱。它们离开海水后就会死亡，因死后骨骼的样子很像钱币而得名。

沙钱广泛分布在世界各地的海域中，我们常见的是那些活动在浅海、潮间带或潮下带沙滩上，以及藏身于沙子中的沙钱；还有一些生活在3000米深的海床上的沙钱，它们一般很难被发现。

名字由来

沙钱是海胆家族的成员，呈圆形、球形或心脏形，边缘比较薄，有些长相如古银币，因此而得名；又有些形如大饼，被称为饼海胆和海煎饼等。因为普通人无法分清楚，所以把所有的这类圆饼形海胆统称为沙钱。

事实上，活着的沙钱是浅棕色和紫色的，更像一张大饼，其死后的样子很奇特，白白的、圆圆的骨骼上面有一些深浅不一的花纹，看起来更像古银币。

东非沿岸生长的黄色或紫色的裂边饼海胆，在它们同族兄弟中显得较大、较薄，被中国人直接称为海煎饼。

❖ 沙钱骨骼

❖ 古币

❖ 海滩上的沙钱

❖ 放在手心中的沙钱

天生胆小

沙钱身体的绝大部分都是骨骼，因此可食用的肉极少，加上身上有疣突和可动的长棘，还长有像兽毛的短棘和不明显的叉棘，所以海洋猎食动物一般都对它们毫无兴趣。

虽然沙钱的天敌很少，但是它们天生胆小，只要环境稍有变化，如激流、鱼群发生变化等，都会使它们受惊逃跑。它们逃跑的速度很慢，但是会快速拨动身下的长棘和短棘，让身体钻进沙子里，躲藏起来。

奇特的进食方式

沙钱为了进食，会利用身体下方的长棘和短棘，将身体撑起，让水流从身体下方流入口中，水中的有机颗粒和浮游生物会被它们过滤出来，成为它们的食物。

沙钱没有像样的嘴巴，只有一个较为原始的口器，因此，它们的进食过程非常缓慢，食物需要在口器内研磨十几分钟后才能吞进肚子里，还需要花费长达两天的时间来消化。

沙钱一般很少移动身体，只是偶尔会根据水流中的食物丰富程度来调整地方，一般一天移动 10 厘米左右，多则 1 米左右。除非遇到不可抗的海浪将它们掀翻或者直接抛上海滩，其他大部分时间，它们都会在相对固定的海域栖息、进食。

❖ 帕劳沙钱形纪念金币

2017 年帕劳发行的沙钱形、镂空纪念金币。

❖ 沙钱

47

海豆芽

海豆芽听起来像植物的名字，可它却是一种海洋小动物。它的体形奇特，上部是椭圆形的"贝壳"，像一颗黄豆，下部是一根可以伸缩的半透明的肉茎，宛如一根刚长出来的豆芽，因而得名"海豆芽"。

海豆芽因为贝体呈长椭圆形，很像人的舌头，所以又叫作舌形贝。它是世界上已发现生物中历史最悠久的腕足类海洋生物，多生活在温带和热带海域。

过着穴居生活

海豆芽能在各种海洋环境中生存，而且能在大多数生物无法适应的多泥、缺氧的半咸水中生存，如潮间带细沙质或泥沙质海底。

❖ 海豆芽

❖ 豆芽

❖ 海豆芽与外界接触的 3 根管子

　　海豆芽属于无铰纲腕足类动物，体长一般只有 1 厘米左右，身体大致分为两部分：一部分是两片"贝壳"，里面是肉体，贝壳脆薄，由壳多糖和磷灰质交互成层；另一部分是肉茎，也就是"豆芽"部分，又粗又长，它们靠着肉茎，把"贝壳"固着在海底黏洞中，过着穴居的生活，而且绝大部分时间都躲在洞穴里，只靠外套膜上的 3 根管子和外界接触。

❖ 海豆芽化石

贝壳

肉茎

沙滩

❖ 海豆芽靠肉茎固着在海底洞中

大部分人以为海豆芽像黄豆芽一样，"豆芽"部分是朝上的，实际上海豆芽是靠"豆芽"部分将身体固定在海底，遇到危险时还能靠收缩"豆芽"将"贝壳"拉入穴中。

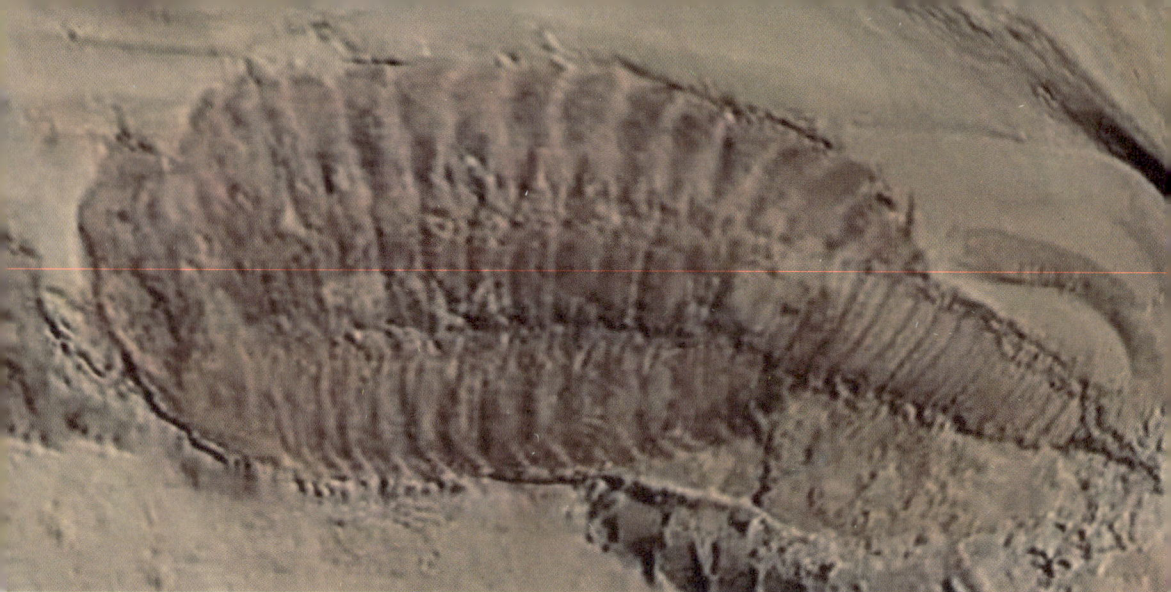

❖ 来自寒武纪的海豆芽化石
这种化石最初见于寒武纪，因此科学家判断海豆芽很可能起源于寒武纪以前。

❖ 海豆芽化石

海豆芽需要张开壳瓣，以摄取海流送过来的微生物为食，当遇到危险的时候，它们会将肉茎缩短，把"贝壳"彻底拉进海底穴孔里。

没有进化的"活化石"

人类和原始的鱼类经过几亿年的进化，身体结构和形状都发生了巨大的变化。不过，海豆芽却与它们 5.3 亿年前的寒武纪时期的祖先没什么区别，如今一直保持着它们祖先的形态。

❖ 海豆芽美食
海豆芽可以直接煮了吃，也可以凉拌，味道非常鲜美。海豆芽喜欢群居，但是稍有动静，它们就会缩进洞穴，因此想要抓住它们，只能等到退潮后用铲子挖，一般只要发现一只海豆芽的洞穴，就能一下子挖出好几只。

灯泡海鞘

绚 丽 的 海 底 萌 物

灯泡海鞘居住在一片漆黑的深海之下，是一种常常会被误认为是植物的动物，其身体娇小迷人，透明且若隐若现。近看，内脏清晰可见；远观，如成群的"灯泡"聚集在一起，熠熠生辉。

❖灯泡海鞘

灯泡海鞘体色透明，外观呈筒状，远远看上去就像灯泡一样。

灯泡海鞘是一种很像植物的动物，它们广泛分布于大西洋、北海、英吉利海峡和地中海，从浅滩到深海都有它们的足迹。

透明的灯泡簇

灯泡海鞘体色透明，外观呈筒状，远远看上去就像灯泡一样，因此而得名。

灯泡海鞘有非常多的品种，大部分还没有被人类充分地认识，很多品种甚至没有任何的描述和名字。

灯泡海鞘喜欢附着在贝壳、海藻或者垂直的岩壁上，身上长着许多透明的"管子"，管子可以长到 20 厘米长，直径 15 厘米，这些管子常常松散地挤在一起，远远望去，它们透明的身体像一堆灯泡挤在一起，与背景融为一体，美得不可方物。

透明的"管子"非常重要

对于灯泡海鞘来说，其透明的"管子"非常重要。

首先，它是灯泡海鞘捕食的工具：每根管子有两个开口，一个开口进水，一个开口出水，海水中的微生物通过管子时会被滤出，成为灯泡海鞘的食物。

其次，它是灯泡海鞘抵御入侵的武器：灯泡海鞘遇到危险的时候，会将管子中的水喷出，然后迅速收缩身体，以躲避危险。

❖ 看上去像灯泡的灯泡海鞘

❖ 好像许多灯泡聚在一起的灯泡海鞘

❖ 灯泡海鞘

最后，透明的"管子"还起到隐蔽作用，因为海底很多捕猎者的视力都不太好，透明的管子可以很好地保护灯泡海鞘不被捕猎者发现。

极短的生命奇迹

灯泡海鞘的寿命与其他海鞘一样，都非常短，它们靠吞食藻类以及浮游生物快速成长，然后快速无性繁殖。当食物充足时，灯泡海鞘的繁殖速度更是爆发性的快。

灯泡海鞘也与普通海鞘一样是雌雄同体生物，它们会将精子和卵子直接排入水中或在围鳃腔内受精。受精卵最快几小时，最慢几天就可以发育成幼虫。生物学家发现灯泡海鞘幼虫的尾部有脊索，而脊索是高等动物的标志，因此研究灯泡海鞘对动物的进化、脊索动物的起源有重要作用。

会"吃"掉自己大脑没有用的部位

灯泡海鞘和大部分海鞘一样，幼虫期就会通过大脑分析不同水域，找到适合的永久居住地，附着后便不再离开。定居后的灯泡海鞘会第一时间将自己已经没有用的大脑部位吃掉，完全吸收掉其中的营养，并选择性地留下仍控制机体运转的地方。

气泡珊瑚

梦 幻 多 彩 的 海 底 气 泡

　　气泡珊瑚在白天时会张开气泡，就像一颗颗晶莹的葡萄、珍珠铺在海底，让每个看到它的人都会有一种进入梦幻世界的感觉。

　　气泡珊瑚分布在太平洋、大西洋、加勒比海沿岸水深 30 米以内的海域，拥有非常丰富的颜色，如紫色、白色、绿色、蓝色或褐色等，是深受潜水爱好者喜欢的珊瑚品种之一。

气泡簇

　　气泡珊瑚俗称泡囊珊瑚、气泡，珊瑚虫呈白色、绿色或黄色等气泡状，其触手具有捕食功能，有毒性很强的刺丝胞。

　　白天，在阳光照射下，气泡珊瑚呈白色、绿色或黄色的半透明气泡状，这使气泡珊瑚很像气泡、葡萄或珍珠；入夜后，是气泡珊瑚进食的时间，这时气泡会瘪下去，气泡珊瑚会伸出触手捕捉食物。

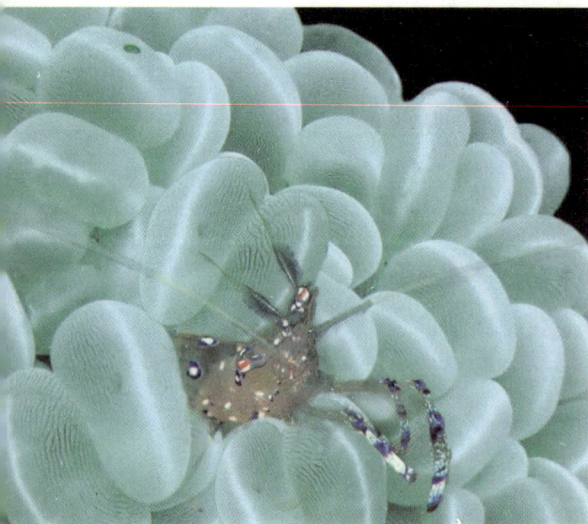

❖ 气泡珊瑚

❖ 紫色气泡珊瑚

❖ 白色气泡珊瑚

❖ 太平洋橙色气泡珊瑚

海洋建筑师

在热带地区，气泡珊瑚繁殖迅速，生长快，新的不断成长，老的不断死去，骨骼不断增加，积沙成塔，由小到大，年深月久，就堆积成硕大的珊瑚礁和珊瑚岛了。

我国南海的东沙群岛和西沙群岛、印度洋的马尔代夫岛、南太平洋的斐济岛以及闻名世界的大堡礁等，大部分都是由气泡珊瑚的骨骼堆砌建造而成的。

气泡珊瑚漂亮、易养，是水族爱好者的最爱，但要注意，它富有攻击性，会使用长长的触须蜇刺靠近的珊瑚；当饲养者用手拿它时，也很容易被其触须蜇伤，因此放入缸时要注意位置。为了保证其健康生长，需要中等的光照及弱的水流，水中需要添加钙、锶及其他微量元素。

❖ 绿色气泡珊瑚

丁香水螅体

娇 艳 美 丽 的 水 螅 体

丁香水螅体外观美貌，颜色艳丽丰富，有棕色、红色、粉色、白色和绿色等，娇艳得让人怀疑自己的眼睛。

丁香水螅体和其他水螅体一样，身体是辐射对称的。也就是说，通过水螅身体由口到基盘中轴，可有许多个切面把水螅的身体分为两个相等的部分。辐射对称是比较原始而低级的体形，这是腔肠动物对水中固着或漂浮生活的一种适应。

❖ **丁香水螅体**

丁香水螅体因为形态酷似手套，因此也被称为手套水螅体，主要分布于印度洋和太平洋海域。

丁香水螅体有 8 条触须，每条触须上长满分支，且分支排列工整，造型美观。触须与分支有明显的颜色变化，而且颜色丰富多彩。

丁香水熄体通常会成群结队地占领珊瑚礁和石头，靠进食碘、糠虾、浮游微生物和微量元素为生。

栉水母

独一无二的"外星大脑"

栉水母身体呈中心放射状，全身透明，还能发出柔和的生物光，每当它们在水中游动时，就会变成一个光彩夺目的彩球，如同外星球生物一般神秘而迷幻。

栉水母又叫海胡桃、猫眼，属辐射对称动物，它是一种类似水母的无脊椎动物，广泛地分布于世界各地的海域。

随波摇曳，非常优美

2013 年 12 月 16 日，科学家认定栉水母这种凝胶状、类似水母的海洋动物，可能早在 6 亿年前的震旦纪就已经出现，因此将其认定为最早出现的动物之一。

栉水母是雌雄同体的生物，全世界大约已有 150 种，另外还有 40~50 种尚未被命名，它们的身体透明，呈球形、卵圆形、扁平形等。它们的身体上长着 8 行栉板，栉板上长有许多发光点和短短的纤毛。

栉水母不擅长游泳，但它们能够依靠短短的纤毛拍打波浪，在海中前进，同时栉板上的发光点会闪烁，随波摇曳时，这些发光点将栉水母的轮廓勾勒得非常优美。

❖ 栉水母

栉水母基本上都是无色的，透明的栉水母漂浮在水中，依靠生物光将其打扮得流光溢彩。

栉水母虽名为水母，但并不是真正的水母，而是一类两胚层动物，属于辐射对称动物。

❖ 一群栉水母

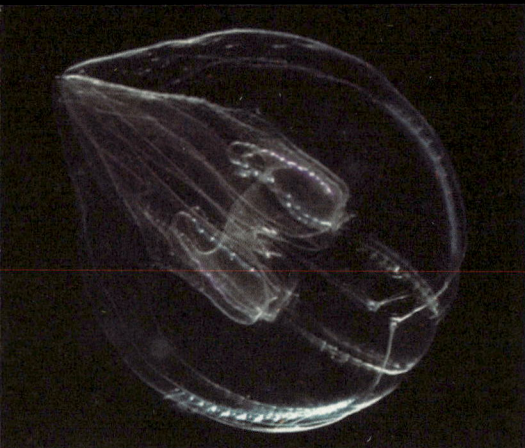

❖ 发光的栉水母

当栉水母在海中游动时，可以发射出蓝色的光，栉水母发光时就变成了一个光彩夺目的彩球。

❖ 捕食的栉水母

栉水母为肉食性动物，主要以浮游动物为食，然而，在一个地区栉水母数量极多时，它们还会捕食幼鱼、蟹类幼体、蛤类、牡蛎、桡足类以及其他浮游动物。

栉水母是雌雄同体的生物，它们通过不同生殖腺生产卵子和精子并先后将卵子和精子排到水中，在体外完成受精与胚胎发育，然后幼体依靠海中的浮游生物为食。

大多数栉水母的精子和卵子释入水中后，在水中受精和进行胚胎发育，侧腕水母及其他球栉水母目的幼体与成体酷似，成熟过程中形态变化极少。

栉水母不是刺胞动物，它们没有毒刺细胞，也不会蜇人。

据专家研究认为，这个化石属于 5.6 亿年前的埃迪卡拉纪。"八臂仙母虫"没有任何口孔或触手的痕迹，与栉水母等生物非常相似，但它们之间也有许多差异仍使研究人员满腹疑问，所以将会对其继续研究下去。

❖ 5.6 亿年前的"八臂仙母虫"化石

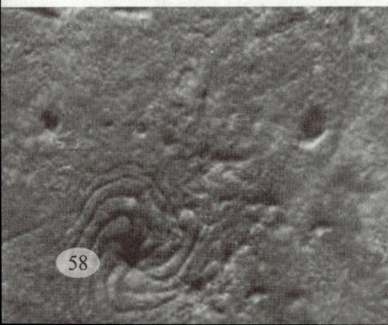

独一无二的"外星大脑"

栉水母拥有发达的神经系统，而且是独一无二的外星生物式的大脑，因为它的大脑有再生能力。当栉水母的大脑因外伤受损后，仅需 3 天便可再生修复大脑，可见栉水母的神经系统与地球上其他动物的神经系统不同，它采用不同的进化路径获得了这样特殊的神经系统。

从某种意义上而言，它的大脑系统和区块链有点相像。它身体的每个部分都保留着大脑以及身体各部位的神经数据，一旦身体的某个部位受伤，哪怕是大脑受伤，也能很快被修复。由于这么强大的再生能力，让人不得不怀疑它是来自外星球的生物。

最古老的生物

在生物史中，有肛门的生物出现的时间明显晚于没有肛门的生物。

自栉水母被发现以来，它被认为没有真正的肛门，是一种只有一个消化腔开口的生物，而且它一直被认为是世界上最古老的生物。然而，科学家却在研究中发现，栉水母吃下小鱼之后，那些没有被消化的小鱼的鳞片会聚集于栉水母的尾端，然后被排出去。

所幸，科学家并未在栉水母身上找到排泄的肛门，只是在其尾部发现了两个小孔，否则它就会被认定为有肛门的生物，那也就无法再被称为最古老的生物了。

蟠虎螺

蟠虎螺是一种软体动物，外面罩有厚厚的、纤细透明的壳。游动时会挥动长在头顶上的两只透明的、像豌豆一样的角，看上去像是翩翩起舞的蝴蝶，所以又被称为"海蝴蝶"。

蟠虎螺是一种翼足类生物，又被称为翼足螺，主要生活于南极、北极的冰冷海洋表层。

蟠虎螺的体长仅1厘米左右，头顶长着两只像豌豆的角，它是海洋食物链中比较低端的生物，但却非常重要。无论是北极熊，还是南极、北极海洋里的鱼类都会依赖它们而存在，其在海洋中的数量会直接影响到南极、北极海洋生物的生存状况。

❖ 蟠虎螺

蟠虎螺是生活在食物链底端的生物，就连海天使都吃蟠虎螺。

❖ 一群蟠虎螺

红海胆

红海胆是海洋里的古老生物，据考证，这种生物在地球上已有上亿年的生存历史。它们全身都是红色的。最让人不可思议的是，它们几乎每个个体都拥有 1 个世纪以上的寿命，有些甚至更长。

红海胆也被叫作"赤海胆"，主要生活在从美国阿拉斯加到加利福尼亚的太平洋和其他海洋的沿海浅水域，以海生植物为食。

海中的豪猪

红海胆的体型小，幼体生长速度缓慢，成年后生长速度更加缓慢，据科学家研究发现，一只 200 岁的红海胆，其身体直径也只有不到 20 厘米。

红海胆和大部分海胆一样，呈球形、盘形或心脏形，内骨骼互相交错，形成一个坚固的壳。红海胆壳内的体壁具有发达的真体腔，除了宽阔的体腔之外，其外壳上还生有尖刺，红海胆靠这些尖刺保护自己不受侵犯。

❖ 红海胆

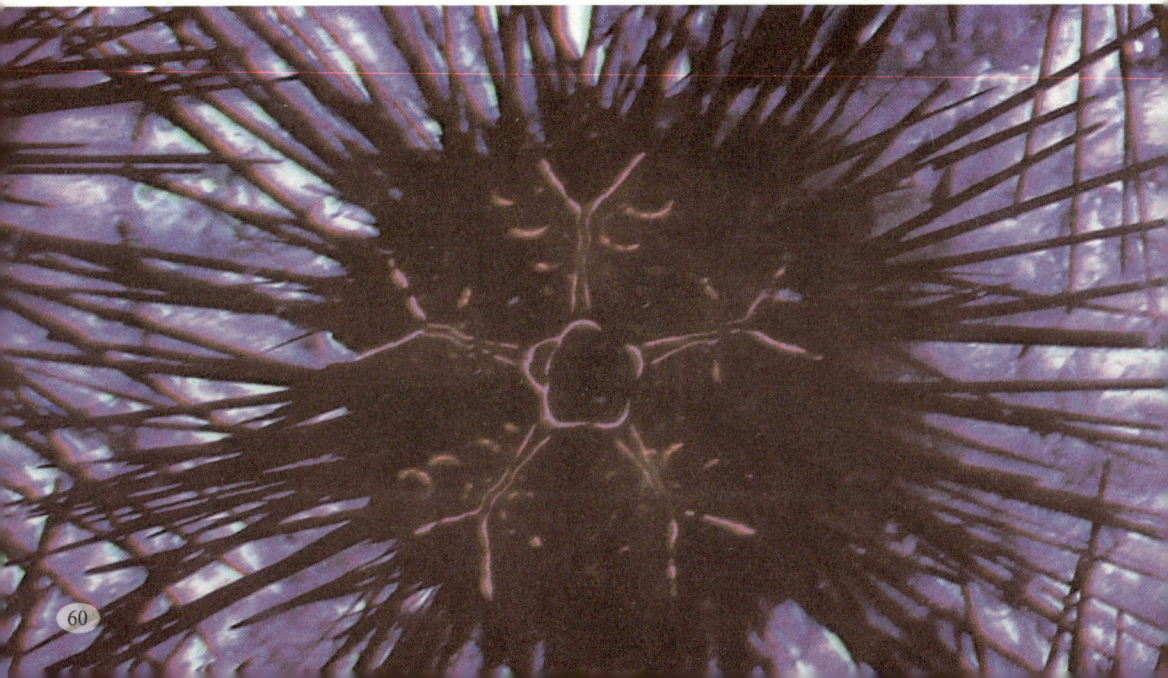

红海胆和其他海胆一样天生胆小，每当遇到危险时，它们常会像豪猪一样蜷缩成刺球，让大多数猎食者无从下口。遇到危险时，它们很少会选择逃跑，因为它们逃跑的速度和它们的生长速度一样，慢得让人着急，它们每天最多只能移动50厘米。

几乎不衰老

最初，人们认为红海胆的寿命只有7~15年。后来，科学家们用生物化学技术和核分析技术分析了红海胆，发现它们的寿命远比人们认知的要长，而且也比陆地上所有动物和大多数海洋生物的寿命都长，最关键的是科学家没有发现它们有衰老的现象。

世界上没有哪种生物能"不老不死"，这似乎是地球上的定律，但这好像不太适用于红海胆。科学家发现，即便是几百岁高龄的红海胆，它们仍然可以再"健壮"地在海洋中生活几百年，而且身体还不会出

❖ 像舌头一样的海胆黄
因为红海胆有像舌头一样的海胆黄，因此被称为世界上最美味的"舌头"。

海胆的壳很坚硬，同时长满了刺，用牙齿是绝对咬不开的。
海獭抓到海胆后，会从腋下掏出事先准备好的工具——一块方石头，然后用前肢抱着海胆用力撞向石头，或者直接用石头砸海胆，一旦发现海胆壳被敲破了，海獭便会撬起嘴，将里面的肉质部分吸食出来。饱餐一顿后，海獭会把石头和吃剩的海胆藏在皮囊中，以备再用。

海胆的天敌除了人类之外，还有海獭。海獭最喜欢的食物就是海胆，并且有一套完美的吃海胆而不被刺扎的技术。
❖ 海獭

❖ 红海胆化石

❖ 红海胆的海胆黄

红海胆的"肉"呈黄色，由于近年来捕获数量下降，红海胆的价格越来越高。它们也被许多美食家认为是最美味的海胆。

现衰老的迹象。

科学家以生物的繁殖能力来检验生物的衰老状况，然而，不管年轻的还是年迈的红海胆，都能产生大量的精子和卵子，并且繁殖能力惊人。

果然是祸害遗千年

红海胆的寿命很长，这并不可怕，可怕的是它们的繁殖能力。这种浑身长满刺的生物，在海洋中几乎没有天敌，一旦大量繁殖，便会消耗大量的食物，如海藻和海洋植物，这会对海洋生态造成灾难性的破坏。古人有句话很应景："好人不长命，祸害遗千年。"

不过，如今已无须担忧红海胆过度繁殖的问题，因为从 20 世纪 70 年代开始，人类发现了海胆的食用价值，它们被称为世界上最美味的"舌头"。一项基于海胆买卖的贸易性渔业在美国以及全球快速兴起，红海胆和其他种类的海胆一样被大量捕杀并被高价出售。目前，红海胆已经被吃成了奇缺的海洋资源了。

科学家在温哥华岛与大陆之间的海峡发现了一些形体最大的、估计是最年长的红海胆，它们在尺寸上达到了 19 厘米。经过测定，它们已经有 200 岁甚至更长的寿命。

❖ 美味的红海胆

红海胆除了长寿外，它们的味道还很鲜美。红海胆非常肥美，是日本马粪海胆的 1.5 倍大。红海胆膏厚肉多、甘甜不涩、味道浓稠、质感细滑，每一瓣都完整，入口即化。红海胆的海胆黄不仅味道鲜美，还富含维生素 A、维生素 D、各种氨基酸及磷、铁、钙等营养成分。

灯眼鱼

如 手 电 筒 一 般 的 海 洋 闪 光 器

灯眼鱼发出的光和海洋中大部分会发光的生物发出的光不同，因为这些光不是光点，而是光柱，如手电筒一般可以照到很远的地方。尤其是在漆黑的海底，灯眼鱼可以用这种光，进行默契交流、诱惑猎物、逃避猎杀，光柱轻盈游动、忽前忽后、时起时落，仿佛剧场中歌迷们手中的荧光棒，其场面非常震撼。

❖ 灯眼鱼

灯眼鱼又名闪光鱼，为金眼鲷目、灯眼鱼科中鱼类的统称。它们主要分布于西起印度尼西亚、东至土阿莫土群岛、北至日本南部、南至澳大利亚的西太平洋地区。

灯眼鱼的传说

灯眼鱼的眼皮底下有两盏"灯"，能发出亮光，这种亮光能照到 15 米外的海域。传说，早期的欧洲探险家们在探索航线的时候，探险船若误入了不熟悉的珊瑚礁群，老练的水手会记录夜晚水下灯眼鱼群的游动路线，然后沿着灯眼鱼群的游动路线，轻松地航行出珊瑚礁地区。因此，灯眼鱼又被称为探照灯鱼或灯笼眼鱼。

❖ 灯眼鱼

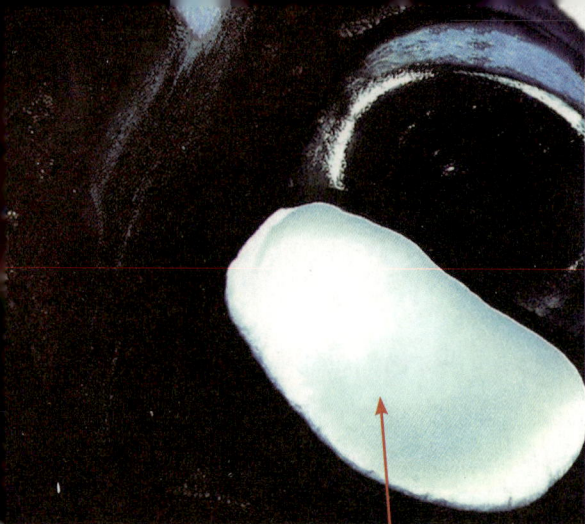

❖ 灯眼鱼眼下方的发光器

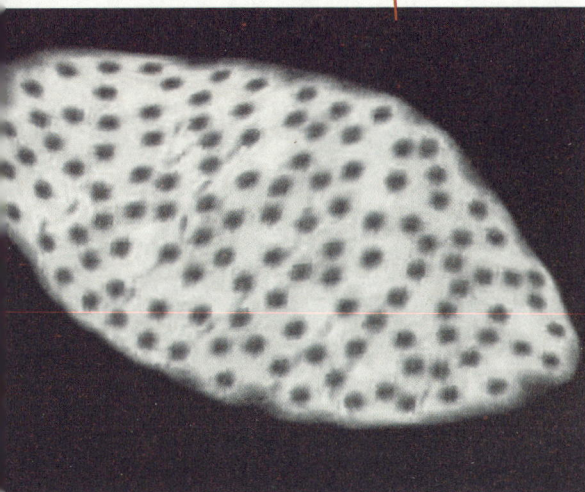

灯眼鱼被发现的历史

灯眼鱼的传说有点儿夸张。事实上，据记载，最早于 1907 年，灯眼鱼才首次在牙买加海岸被发现，可是因为这种鱼生活在深海，很难被捕捞，在首次发现之后的 70 年间人们都没能再见到它的身影，江湖上只有关于它的传闻。直到 1978 年 1 月，美国旧金山的一家水族馆出资，组建了一支考察队，在加勒比海考察时发现了海底有大量的灯眼鱼。

从此，灯眼鱼开始被世人认识，虽然其肉毫无食用价值，但因为它属于罕见的深水鱼，且能发出两道冷光，因而成了水族馆和水族箱中的观赏鱼。

❖ 灯眼鱼的发光细菌

靠共生细菌发光

灯眼鱼通体呈黑色，体型娇小，最大的不超过 40 厘米长，鳞片粗厚，两个背鳍

❖ 罗氏原灯颊鲷

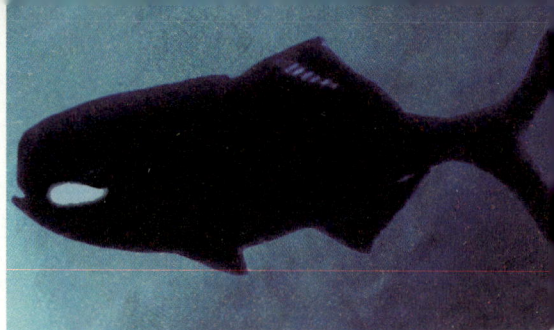

❖ 黑夜中的灯眼鱼

和尾鳍带有蓝色的边和刺，眼睛的下方有大型横斑纹状的发光器，白天发光器为白色，夜间会发出白色冷光，偶尔也有些灯眼鱼会发出蓝色或黄色冷光。

灯眼鱼自身并不会发出光，这些光来自其头部共生的数以亿计的发光细菌，灯眼鱼也因此得名。灯眼鱼可以控制、翻转发光器来开关光源，因此我们看到的灯眼鱼的光都是一闪一闪的。

灯眼鱼头部寄生的能发光的细菌借吸取鱼血里的营养和氧气赖以生存，死后一段时间仍能继续发光。

发光器很重要

灯眼鱼属于夜行性鱼类，白天藏于洞穴或阴暗处，晚上则栖息于陡坡的暗处。它们常利用无月光的晚上出来觅食，主要以浮游动物为食。

灯眼鱼在海底的栖息深度会随着年龄增长而加深，最深不会超过 500 米。海底的光线暗淡，因此，对灯眼鱼来说，发光器非常重要，像船舶用灯光信号交流一样，灯眼鱼靠发光器闪烁冷光，彼此交流信息。冷光还能吸引很多浮游生物及小型甲壳动物靠近，灯眼鱼可以很轻松地捕食并享受美味。每当遇到猎食者，灯眼鱼就会迅速关闭冷光，然后悄悄地逃之夭夭。

❖ 阿氏隐灯眼鲷

65

五彩青蛙

　　五彩青蛙不是蛙，而是一种娇小可爱的鱼，它的绿色体表布满了红色、蓝色和黄色条纹，并镶着黄色和红色边缘的黑斑，像只五彩斑斓的青蛙，从各个角度看都很迷人，因此被称为"世界上颜值最高的十大动物"之一。

❖ **青蛙（左图）与五彩青蛙（右图）的对比**
绿色的青蛙有鼓鼓的大眼睛、微尖的头，它和五彩青蛙在外形上确实有几分相似。

　　五彩青蛙的学名是花斑连鳍䲢，俗名七彩麒麟、绿麒麟、青蛙鱼、皇冠青蛙等，主要分布于西太平洋的印度尼西亚至中国海域，以及琉球群岛至澳大利亚海域。

❖ **麒麟陶瓷艺术品**
五彩青蛙的颜色多彩，又多见绿色，与中国古代神话传说中的麒麟神似，因此又被称为七彩麒麟、绿麒麟。

❖ 绿青蛙鱼

　　五彩青蛙是小型虾虎鱼的一种，体长5~7厘米，因其体表的纹路与色泽、大而突出的眼部以及头部轮廓都酷似青蛙，所以被称作青蛙鱼。

五彩青蛙最早被美国鱼类学家阿尔伯特·威廉·海尔于1927年发现并命名。

五彩青蛙的学名为Synchiropus Splendidus（花斑连鳍鮨），其中的"Synchiropus""来自古希腊语，意为"一起"，而"Splendidus"来自拉丁语，意为"灿烂"。

❖ 花青蛙鱼

❖ 红青蛙鱼

五彩青蛙是一种细小且色彩鲜艳的鱼类，根据体色可以分为3种，即红青蛙鱼、绿青蛙鱼、花青蛙鱼。

五彩青蛙没有固定的繁殖期，差不多什么时候想到了就开始繁殖，每次繁殖可以产约200枚卵，孵化时间为半个月。

五彩青蛙不善于游泳，属于底栖海水鱼类，喜欢生活在近海珊瑚礁区，多隐蔽于潟湖及近岸礁石附近，或结群或成对聚集于珊瑚礁上，以觅食小型甲壳动物、无脊椎动物和鱼卵为食。

五彩青蛙由于体型比较小、行动缓慢、胆子小，容易受到其他鱼类的袭击，因此它们的活跃度并不高，一有风吹草动便会躲起来，有时为了防御，它们会释放大量带毒的黏液，用来驱赶猎食者。

五彩青蛙对待猎食者时只能避让，但它们却会在争夺配偶和保卫领地时和同类战斗，特别是雄性之间的战斗非常凶残，甚至是致命的。

雄鱼

雌鱼

❖ 五彩青蛙雄鱼与雌鱼

五彩青蛙的雄鱼与雌鱼很容易辨别，因为雄鱼的背鳍第一根鳍条要比雌鱼的长很多。

五彩青蛙的表皮没有鳞片覆盖，却拥有华丽的外表，并有高耸的背鳍。因为身体会分泌带毒黏液，因此很少遭到细菌和寄生虫的感染。

火焰贝

每当火焰贝在水中"绽放"时，它们的大量触须在水中犹如摇曳飘动的火苗，因此而得名。当火焰贝火红的炽焰在海中飞速、有规律地摆动时，配上闪闪的电光，给人一种火焰贝在放电的感觉。

火焰贝属双壳纲、狐蛤科动物，主要分布于太平洋和加勒比海地区。

海底闪烁的霓虹灯

火焰贝的个头不大，有两片椭圆形、雪白、无杂色的贝壳，壳口处有许多火焰般的触须，每当它们在水中"绽放"，外套膜和边缘的肉质触手在水中展开，犹如摇曳飘动的火苗，又似喷发欲出的烈焰，而更令人惊奇的是在火焰之中还有两个发光体闪着幽蓝色的电光，好像霓虹灯在海底闪烁，尤其是当成片海域布满火焰贝时，海底的"火焰"连成一片，场面极其壮观、美丽。

❖ 火焰贝

火焰贝是滤食性动物，因此它们对其他鱼类不构成威胁，而且它们性情温和，几乎可以和任何不吃它们的生物和平共处。

胆子很小

火焰贝"绽放"时确实很美，但是，它们不太喜欢光线，总喜欢用丝足把自己固定在黑暗的洞穴和各种缝隙中，因此人们不容易看到它们，大片火焰贝一起"绽放"的场面更是罕见。

火焰贝是一种胆子极小的贝类，只要觉得环境有一丝不理想或者不安全就会搬家，它们会通过开合自己的壳推动水流，用触须辅助平衡，瞬间逃窜得无影无踪，人们甚至都无法看清它们是怎么消失的。

❖ "绽放"的火焰贝

迷幻躄鱼

迷幻躄鱼和其他种类的躄鱼一样，不太会游泳，靠胸鳍和腹鳍在海底行走，因其体色为迷幻般的粉色、桃红色、黄褐色，以及遍布白色的放射条纹而得名，其独特的外观被科学家们称为"外星人之脸"。

迷幻躄鱼是躄鱼家族中的一员，主要生活在印度尼西亚的安汶岛和巴厘岛附近的水域，隐藏在海底五颜六色有毒的珊瑚丛中。

身披迷幻的色彩

大多数种类躄鱼的皮肤都是呈胶状，显得肥胖、肉质厚而松软，丑成一坨，而迷幻躄鱼却有一身绚烂的黄褐色或桃红色的皮肤，白色条纹从眼睛呈放射状向身体蔓延，看上去特别迷幻。

迷幻躄鱼的伪装变色能力相比于其他种类的躄鱼要略逊一筹，不过，它们身披迷幻的色彩，更容易混在珊瑚和海葵环境中，猎物或者天敌很难一眼就发现它们的存在。

迷幻躄鱼和其他种类的躄鱼一样，是一种不太会游泳的鱼。它们像四肢动物那样，主要

❖ 丑成一坨的躄鱼

迷幻躄鱼虽然行动缓慢，但是，一旦遇到危险，它们可以通过喷射水流作为推动力来逃避。

躄鱼的大嘴可以吞食比自身大一倍的动物，但是躄鱼没有牙齿，如果猎物体积过大，它们就只能眼睁睁地看着到嘴的猎物逃跑了。

❖ 迷幻躄鱼（"外星人之脸"）

靠胸鳍和腹鳍交替或者同时运动而在海底爬行，而且每次都只能前行很短的距离。

凶残的捕猎高手

　　躄是扑倒的意思，而躄鱼的捕食方式正是"扑倒"猎物。躄鱼是以其他鱼类、甲壳动物为食的肉食性动物，有的地方也把它们称为鱼类中的"食人族"。

　　迷幻躄鱼虽然行动迟缓，却是个凶猛的捕食者。它们有足够的耐心等待猎物进入自己的捕捉范围内，然后，它们就会像青蛙一样迅速跃起，将猎物扑倒，第一时间张开巨大的嘴，将猎物和海水一并吸入肚中，它们的猎食过程非常快，以至于猎物都感受不到这一切的发生。

　　迷幻躄鱼善于隐藏自己，一般都是成双成对地活动，不过在海底却很难被发现，因为它们已经将体色变为和周围环境一致，即便是被发现，它们也会迅速逃离现场。

❖ 隐藏在海底的迷幻躄鱼

❖ 迷幻躄鱼

迷幻躄鱼最早于2009年在印度尼西亚安汶岛的近海被发现。

迷幻躄鱼和其他种类的躄鱼一样，体内没有鱼鳔，无法轻松地控制自己的浮力；它们的胸鳍向下生长，很难在游泳时保持平衡。

迷幻躄鱼面部的外轮廓可能有一种感官结构，就如同猫胡须一样具有灵敏的感知能力，能够感触到海底洞穴内部石壁的状况，便于在珊瑚礁之间狭小的空间进行探索。

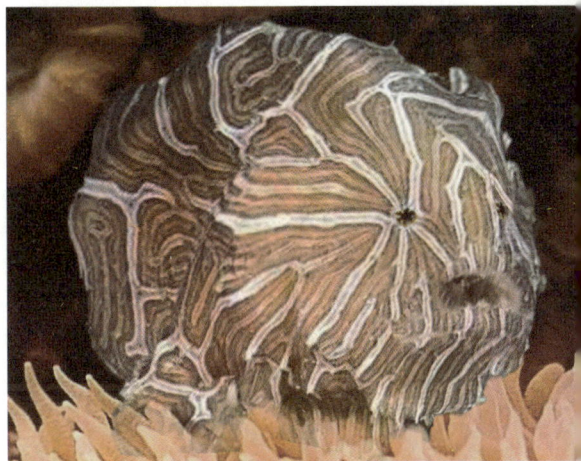

彩带鳗

彩带鳗是一种非常奇特的鱼，它因迷人的外表、美丽的身姿，游动时像飞舞的彩带而得名，更因在成长过程中多次改变颜色和性别而让人们称奇。

彩带鳗是一种热带鳗鱼，也称五彩鳗、七彩鳗、大口管鼻鳝、蓝体管鼻鳝，主要分布于太平洋西部的珊瑚礁海域，常栖息于珊瑚礁的小沙沟崖壁处。

彩带鳗为雌雄同体，在整个成长过程中，彩带鳗会经历4次颜色变化和2次性别变化，直到长成金黄色的雌鱼。幼小时身体为黑色，并且为雌性。当它长到体长50~100厘米时就变成雄性，身体会随之变成黑蓝色或蓝色；体长达到100~133厘米

❖ **彩带鳗的外鼻孔**
彩带鳗的嗅觉非常发达，它们进化出两个管状的外鼻孔，用来捕捉水中的血腥味。

彩带鳗身体的颜色富有变化，以至于很多不了解的人认为它们有3个不同的品种。
❖ **游动的彩带鳗（雄鱼）**

❖ 彩带鳗幼体（黑色）

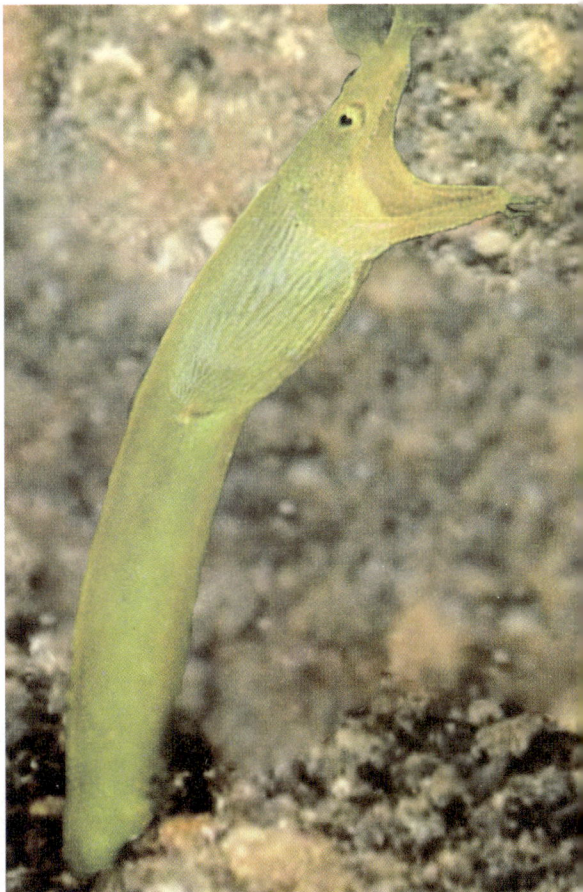

❖ 彩带鳗雌鱼（黄色）

时，身体由蓝色变为蓝黄色，而且会变成雌性；最后，长成超过 130 厘米长的成鱼，身体变成金黄色。

彩带鳗的颜色多为黄色和蓝色，体形长而薄，背鳍高，这是一种形似蛇或中国龙的海洋生物，它们常常雌雄同穴，将身体藏在泥沙、岩穴中，捕食时，仅会从巢穴中伸出半个身子，啄食浮游生物、小鱼及甲壳动物等。

尽管彩带鳗看起来很漂亮，但却十分有攻击性，在海中潜水时，如果遇到它，不要靠近并轻易招惹它。

彩带鳗的两个管状的外鼻孔是它们健康的标志，如果遇到没有外鼻孔的个体，那可能是它受到了伤害或有疾病。

彩色地毯海葵

彩色地毯海葵的颜色多为透明或呈绿色、灰色、棕色、蓝色、紫色、粉红色的光泽或荧光橙红色，上面布满肉突，如同一块大大的花地毯铺在海底。

彩色地毯海葵是生活在热带浅海中的无脊椎动物，主要分布在印度洋、太平洋海域，如红海至日本富士岛间水深4~40米的海域。

彩色地毯海葵的体色多变，口盘周围有明显的皱褶，并且有带状的辐射条纹自口盘处向外延伸，仅口盘部分不包括触手。

彩色地毯海葵喜欢平铺于珊瑚礁或软质海底，它们会根据水流以及水流中的食物的丰富程度等不断地移动身体，直到找到最适合的地方才会长久扎根，而且它们的足可以深入海底40厘米，以防止自己被水流冲走。

彩色地毯海葵习惯独居，但是它与其他种类的海葵一样，能与小鱼、小虾以及藻类共生，并且也会因为共生的藻类颜色不同而使身体变得多彩。

彩色地毯海葵可由寄生的藻类补充营养，也可以吸收寄居的小鱼、小虾的粪便以及捕猎微生物等。寄居的小鱼、小虾能给彩色地毯海葵清洁身体，而彩色地毯海葵则会用自己的毒刺保护这些小鱼、小虾。
❖ 彩色地毯海葵

彩色地毯海葵也和其他海葵一样，有保护自己领地的意识，一旦受到威胁或者攻击，它们就会挥动触手驱赶入侵者，一旦驱赶无效，它们便会射出一种白色乳状液体，使身边的海水瞬间变得又白又浑浊，挡住入侵者的视线，然后乘机攻击或者逃跑。

奶嘴海葵

奶嘴海葵的种类繁多，外形奇特，多呈透明状或半透明状，酷似婴儿的奶嘴，其绚丽的色彩来自体内的共生藻。

奶嘴海葵又称拳头海葵，学名为樱蕾篷锥海葵，主要分布于印度洋、太平洋，如红海到萨摩亚群岛海域。

形似奶嘴而得名

奶嘴海葵栖息于热带珊瑚礁，尤其是水流适中、光照充足、水质清洁、常年水温在22℃以上且水深40米以内的浅海中，也有一些会藏匿在石缝、岩洞中生长。

奶嘴海葵为单体，无骨骼，富肉质，因外形似奶嘴（拳头）而得名。它的口在口盘中央，周围一圈长有10条到几十条以上不等的触手。奶嘴海葵靠触手上布满的刺细胞御敌和

奶嘴海葵有两种繁殖方式：一种方式是精子和卵子在海水中受精后发育成浮浪幼虫；另一种方式也是最常见的方式，奶嘴海葵通过无性生殖的方式，自体分裂为两个独立的个体，最让人惊奇的是，不管多少代无性生殖，同一个繁殖系成员之间彼此能认识。

❖ 奶嘴海葵

❖ 与小动物共生的奶嘴海葵

奶嘴海葵的颜色绚丽，但是其本身呈透明状或半透明状，它的色彩来自体内的共生藻。共生藻利用光合作用为自己与奶嘴海葵提供基本的营养需求。作为回报，奶嘴海葵为共生藻提供保护、居所、营养。除此之外，奶嘴海葵还是小丑鱼、虾、蟹等许多小动物的庇护场所，和它们形成共生关系。

奶嘴海葵靠基盘固着，也能靠它缓慢移动，在遇到危险时，它们有时会使身体漂浮起来，随着水流漂走。

奶嘴海葵有两种繁殖方式：一种是异体有性繁殖，这不属于同一繁殖系；另一种是通过自身分裂无性繁殖，这属于同一个繁殖系。

捕食，也能利用触手在水中缓慢划行、调整方向或者翻身等。

奶嘴海葵和许多海葵一样，多与寄居生物、小鱼、小虾以及藻类共生，能为它们提供保护、居所、营养，也会因共生藻的不同而改变不同的颜色。

奶嘴海葵会为了领地作战

奶嘴海葵通常可以长到 30 厘米以上，它们喜欢群居在某个浅滩海域，但是却有领地意识，不允许其他海葵进入领地，否则必定开战。

即便是同类靠近，奶嘴海葵也会伸触手试探、缩回，再试探、缩回，经过几次试探后，便可确认对方身份，如果是同一个繁殖系的成员，它们便会用触手相互"勾肩搭背"，表示友好，毫无敌意。如果经过几次试探，发现非同一个繁殖系的成员，它们之间就会剑拔弩张，互相会用有素毒的刺细胞去刺对方，直到有一方主动逃跑，否则就会一直打下去，直到一方战死。

海百合

　　在幽深的海底有一种如同盛开的百合花一样的美丽生物，它不是植物，而是一种海洋动物，因为它漂亮的外表，人们给它起了个像植物一样的名字——"海百合"。

　　海百合是一种始见于奥陶纪早期的棘皮动物，主要分成有柄及无柄两大类，有柄的为固着性，不能自由行动，大多生活在深海；无柄的可自由生活，多生活在浅海。

如同一朵盛开的鲜花

　　有柄类海百合一辈子扎根海底，不能行走。它们有一根长约 0.5 米的柄，一端长在海底，另一端是被多条腕足包围的身体，这些腕足上长满羽毛般的细枝，腕足与细枝内侧长有深沟，沟内长着柔软灵活、像指头一样的"触指"。

有柄类海百合喜欢群居，其根固着于海底，构成所谓的海底花园。科学家研究发现，在海水从浅至深的海域，海百合都可以生活。

❖ 海百合

❖ 百合

❖ 长在海底的海百合

海百合是滤食动物，捕食时将腕足高高举起。

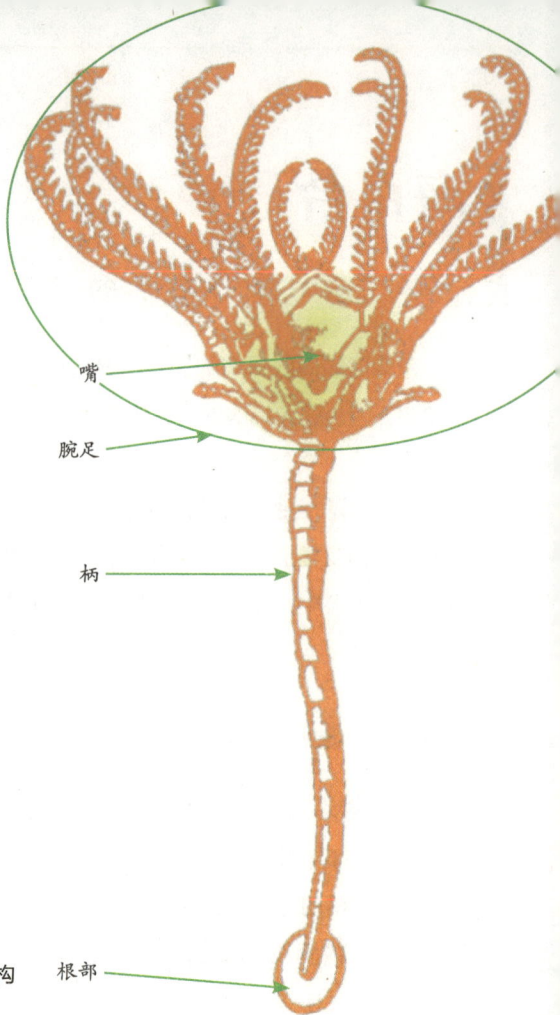

❖ 海百合的结构

嘴

腕足

柄

根部

　　海百合会迎着海水流动的方向张开腕足与细枝，如同一朵盛开的鲜花，因此而得名。海百合的花其实并不是花，而是由腕足组成的捕猎的"网"，可挡住入网的猎物，猎物会随着水流被"触指"捕获，然后再由大沟和小沟，传送到"花"的中心——海百合的嘴里。饱餐一顿后，海百合会进入休息状态，它的腕足会下垂，像一朵快要凋零的花。

如同"海中仙女"的"羽星"

　　无柄类海百合大多生活在浅海，它们的祖先和有柄类海百合一样，靠"柄"固着在海底，但由于遭鱼群蹂躏，"柄"被咬断，仅留下花儿，没有"柄"的它们顽强地存活了下来，进化成了新的品种。

无柄类海百合失去了"柄"，随着海流在海中四处漂流，因而获得了"海中仙女"的美称，生物学界给它们取名为"羽星"。

无柄类海百合的捕食方式和有柄类海百合一样，也是靠腕足组成的"网"捕猎，而它们躲避敌害的能力要比有柄类海百合强太多，它们不仅能自由逃离危险海域，还能靠身上的毒素使大部分猎食者不敢靠近。

历史悠久

海百合最早出现于距今约 4.8 亿年前的奥陶纪早期，在漫长的地质历史时期中，曾经几度（石炭纪和二叠纪）繁荣，又几度经历毁灭。如今，幸存的海百合中大部分是无柄类海百合，由于它们的适应能力强，既可以自由行动，也可以随着生存环境改变自身颜色，因此它们成了海百合家族中的旺族。而有柄类海百合因适应能力弱，数量日渐稀少，或许在几百年后会被猎食者猎食殆尽，永远从大海里消失。

海百合纲是海百合亚门中发育较完善、演化发展最成功的一个纲，从中生代起，中间几经兴衰，直到现代仍然繁盛不衰。

为了能躲避敌害，无柄类海百合一般白天钻进石缝里休息，晚上才会悄悄成群出洞，在海中翩翩起舞，自由捕食。

海百合化石十分珍贵，不仅可以为地质历史时期的古环境研究提供重要的证据，也逐渐成为化石收藏家的珍品，甚至被当作工艺品摆放。

❖ 海百合化石

筐蛇尾

海 底 美 杜 莎 的 头 发

《诸神之战》《世纪对神榜》《波西杰克逊与神火之盗》等电影中的神话人物美杜莎，她的每根头发都是一条蠕动的蛇，让人看得毛骨悚然。美杜莎仅存在于传说之中，而像美杜莎一般的生物——筐蛇尾，却真实地存在于海底，它的腕肢缠绕，看起来好像很多条蛇盘绕在一起。

筐蛇尾十分罕见，大都生活在从白令海峡到美国加利福尼亚州南部底质较硬的海域，常见于15~150米深的海底。科学家根据生物化石推算出最早的筐蛇尾见于泥盆纪。

狰狞的筐蛇尾

筐蛇尾是一种棘皮动物。棘皮动物听起来是一种很专业的学术词语，但其实在海洋中非常常见，如海星、海参等。

❖ 筐蛇尾

筐蛇尾属于蛇尾纲中比较罕见的一种蛇尾，成年筐蛇尾体重可达5千克，身体中央盘有长颗粒的厚皮，没有鳞片，

它们的消化管已退化，食道短并直接与囊状的胃相连，无肠，无肛门。它们主要食腐肉和浮游生物，但有时也捕捉相当大的动物。

筐蛇尾身体上有5只腕足，腕上各分出两只小腕，而每只小腕上又长出很多分支。由身体中央开始，越往分支延伸，身体的颜色越浅。多数筐蛇尾为雌雄异体，少数雌雄同体，胎生。

白天，筐蛇尾常把腕足和分支缠绕成团，躲在洞穴或岩石底下，看上去既像一团死珊瑚，又像许多条蛇盘绕在一起。到了晚上，这些盘绕的腕足和分支就会舒展开，像一张大网，在海底捕捉食物，然后利用腹部下方长满荆棘一样的钩状小肉凸起来控制和处理食物残渣。

❖ 白天蜷缩的筐蛇尾

筐蛇尾的体质易碎，在长相上和海星相似，但却比海星更脆弱。

❖ 邮票上的筐蛇尾

❖ 海底的筐蛇尾

我国古人很早就对蛇尾有记载，不过古书中不叫蛇尾，而称它为"阳遂足"。例如，《本草纲目》书中记有："阳遂足生海中，色青黑、腹白，有五足，不知头尾，生时体软，死即干脆。"

❖ 像一株坏死的珊瑚的筐蛇尾

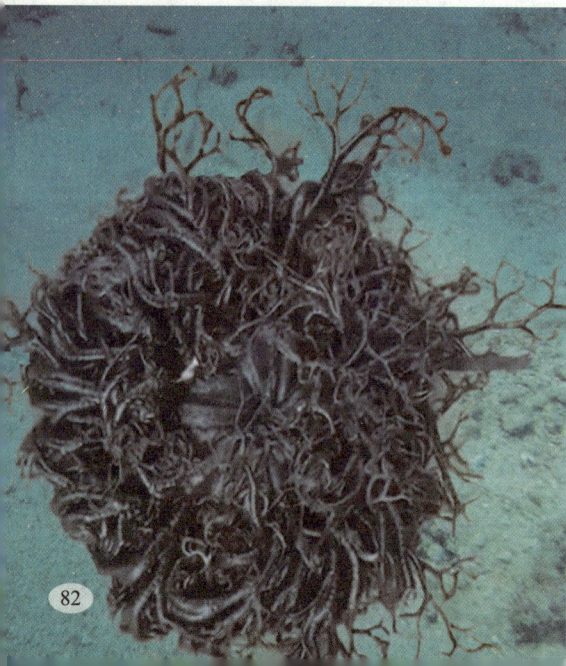

筐蛇尾因为这副狰狞的样子，被形容成美杜莎一点儿也不为过。

自切部分腕足来保命

陆地上的壁虎为了逃脱捕猎者的抓捕，在紧急情况下会自断尾巴逃跑，安全后不久又会长出新的尾巴。除了壁虎外，自然界中有再生能力的物种很多，如蚯蚓、海星、海参等。筐蛇尾也有很强的再生能力，当筐蛇尾遇到捕猎者的时候，它们会"自切"，凭借断掉部分腕足来保命，而失掉的部分腕足不久又会重新再生，这种再生能力是筐蛇尾得以生存的保障。

当筐蛇尾断了部分腕足的时候，它就会分泌一种激素——成长素，通过激素，刺激细胞活跃，再长出新的腕足或者身体的大部分地方。这就和人类的头发和指甲一样，剪掉了还能再长。

灯塔水母

举凡世间生物，无一能逃出生、老、病、死这个过程，但是海洋中的灯塔水母却能利用与生俱来的特性"逆转时光"，获得近乎无限的寿命。

灯塔水母原本主要分布于加勒比海，因其能不断重生，现在已经扩散到了世界各地的热带海域。它是热衷于捕食浮游生物、甲壳类、多毛类和小型鱼类动物的肉食主义者。

胃部状如灯塔

灯塔水母是一种很小的水母，直径仅4~5毫米，透明身躯内部的红色物质是它的胃部，状如灯塔，因而得名。和身体相比，灯塔水母的胃非常大，横断面为特殊的"十字"形。

从古至今，人类一直在孜孜不倦地追求长生不老，却从来没有人成功过。然而，有科学家却认为，研究微小的灯塔水母，或许能为人类揭开长生不老的秘密。

长生不老的水母

灯塔水母幼虫在20℃的水温中，只需25~30天就能性成熟。普通的水母在有性生殖之后就会死亡，而灯塔水母却能够在特定的条件下再次回到水螅型。这也就意味着灯塔水母在生育完后代之后，又会再一次轮回到幼虫期，而不是像其他生物一样慢慢衰老。

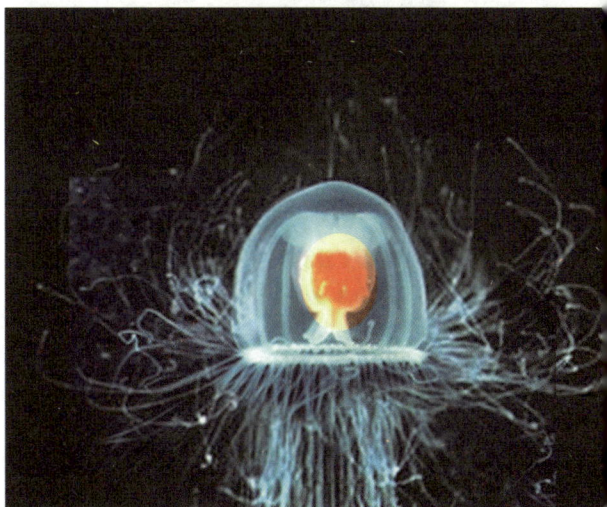

❖ 灯塔水母

瑞士科学家已经在灯塔水母体内成功萃取到强大的细胞再生酶，"Frozen Mask"就是瑞士科学家萃取灯塔水母再生精华的成果。

❖ 灯塔水母幼儿期

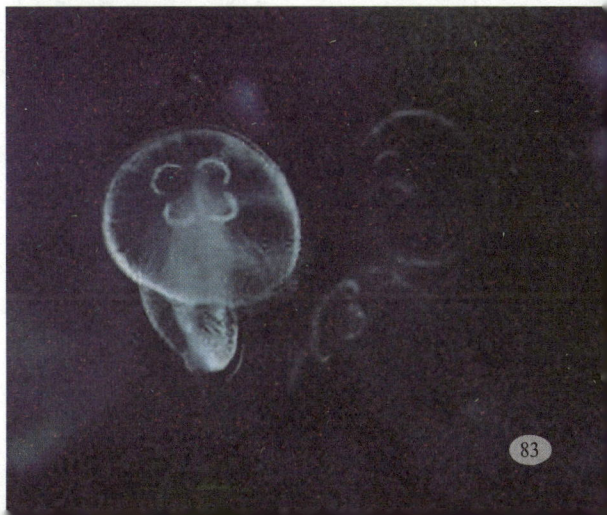

❖美国狐尾松"普罗米修斯"

地球上年龄最老的树是一棵绰号为"普罗米修斯"的美国狐尾松，它在 1964 年倒下前，估计有 5000 岁。在西伯利亚、加拿大冻土带和南极还生存着一些年龄大约有 50 万岁的细菌。可是它们远远比不上灯塔水母的年龄。

水螅纲的动物大都有世代交替现象，少数种类只有水螅型时期或水母型时期。

❖一群灯塔水母

从理论上讲，灯塔水母可以通过反复的生殖而不断"返老还童"，获得无限的寿命，因此，它也被称为"长生不老的水母"。

事实上，当灯塔水母变回幼虫，重回水螅型的时候，本体就已经死亡，只是这种生物学现象被认为是"永生"。

粉身碎骨浑不怕

灯塔水母不仅能"返老还童"，还和大多数水螅虫一样有再生能力，如果把一只灯塔水母切成两段，这两段会在 24 小时内自愈，在 72 小时后，这两段被切开的水母残躯会分别长成新的身体。

从理论上讲，哪怕是把灯塔水母放入破壁机中打碎，只要它的细胞完整，就可以重新开始生长，并且是每一个细胞都可以长出新的生命。

锯鲨、锯鳐

自 带 电 锯 的 海 洋 生 物

被奉为经典的美国恐怖片《电锯惊魂》中的杀人狂手持电锯杀人，场面极度血腥恐怖。在海洋世界也有这样的电锯杀手，它们是来自远古时期的锯鲨和锯鳐，它们躲过了生物大灭绝，凭借"电锯"在海底横行，用"电锯"撕碎猎物，然后吃掉。

锯鲨和锯鳐长得很像，而且都是《濒危野生动植物种国际贸易公约》中的动物。

锯鲨和锯鳐非常像

锯鲨分布在从南非到日本的广大海域，栖息于 40 米深处的温暖海底，不能进入淡水环境；而锯鳐则分布于世界热带及亚热带浅水区，底栖，常出没于港湾、河口，有时可上溯江河相当远的距离，可在海水和淡水中交替生活。

锯鲨和锯鳐的生活方式很像，都以底栖生物和鱼类为食，都依靠长长的"电锯"在水底泥土（沙）中翻找食物，甩动"电锯"将被惊扰的生物撕成碎片，然后再用嘴吸入口中，饱餐一顿。

❖《电锯惊魂》——剧照

在墨西哥，玛雅人和阿兹特克人将锯鳐当作某种怪物的先锋；在西非附近的比热戈斯群岛的男子成年礼上，男子要扮演海洋动物跳舞以庆祝成年，而他们最常扮演的就是锯鳐。

❖ 锯鳐的吻锯

❖ 鱼骨剑
明朝时期的锦衣卫就曾用锯鲨和锯鳐的"锯"打造鱼骨剑。

古时候,印第安人用锯鳐和锯鲨的锯齿做成切割器;菲律宾人、新几内亚人、新西兰人把整个"锯子"当成兵器;秘鲁人在斗鸡时,把锯齿装在鸡脚上,增加杀伤力。

❖ 电锯
锯鲨和锯鳐是海洋中的奇特生物,而德国人安德雷阿斯·斯蒂尔1926年才发明电锯,或许他发明电锯时参考了锯鲨或锯鳐的形象。

实际上,锯鳐与鲨鱼也有亲缘关系,说锯鳐是一种特殊的鲨鱼也未尝不可。

锯鳐每年秋季交配,每隔一年繁殖一次,妊娠期约5个月,生殖方式为卵胎生,雌鱼一次产下15~20条幼鱼,10岁左右性成熟,寿命为25~30年。

❖ 锯鲨
常见的锯鲨有六鳃锯鲨、长鼻锯鲨、热带锯鲨、日本锯鲨、短鼻锯鲨、东澳大利亚锯鲨、巴哈马锯鲨、菲律宾锯鲨及侏儒锯鲨等。

1544年秋出版并畅销欧洲的《世界志》中介绍了一只海怪，它的头顶长着长长的锯，估计就是锯鲨或锯鳐。

两者的区别

锯鳐的外形与锯鲨几乎一样，头前的吻部也呈剑状突出，吻的两侧也都有锯齿，俗称吻锯，不过细看，两者还是有区别的。

首先，两者的体型大小不一样，锯鲨一般体长4米左右，而锯鳐最长可达7米；其次，两者鳃孔的位置不同，锯鲨身体的两侧有5~6个鳃孔，而锯鳐只有5个腮孔，并且位于身体的腹面；另外，两者的吻锯也有细微不同，锯鲨的吻锯上有一对肉质触须，用以探测猎物，而锯鳐则没有。锯鳐的吻锯上分布着数千个灵敏的"电子接收体"，可以探测到猎物产生的电场，从而使锯鳐很容易找到猎物的藏身之所。

❖ 锯鳐

锯鳐是锯鳐科、锯鳐属几种像鲨的虹类的统称，共有6种，其中3种比较常见，分别是大齿锯鳐、小齿锯鳐、尖齿锯鳐。

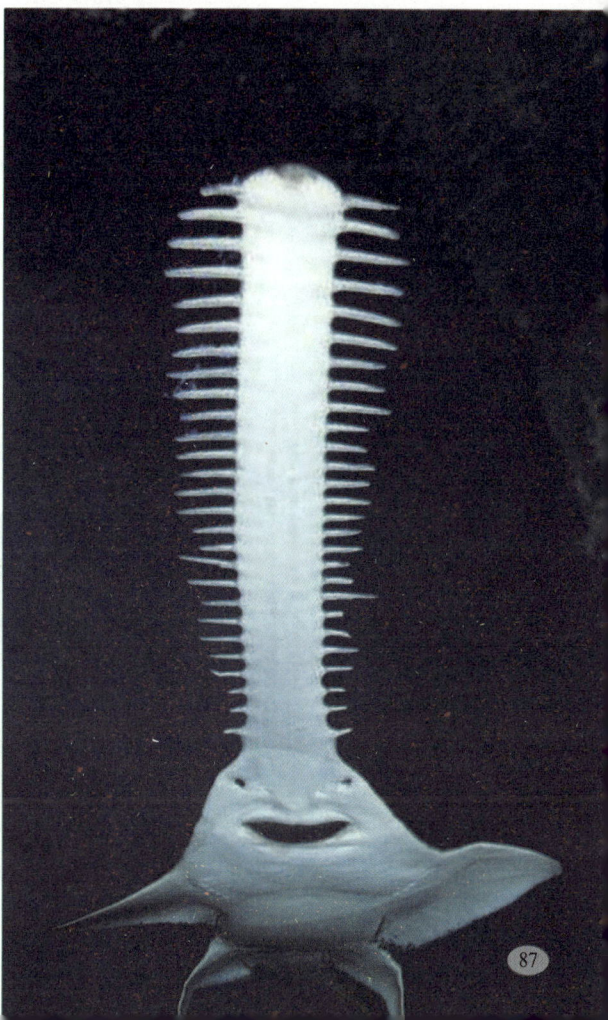

87

双髻鲨

海 洋 中 的 " 大 铁 锤 "

与大多数鲨鱼的流线型头部不同，双髻鲨有一个笨重的大脑袋，看起来和它身体的其他部分很不协调，就像一个戴着笨重头饰的清朝宫廷女人。双髻鲨以其独特的头部形状和宽阔的眼距而闻名。

双髻鲨是软骨鱼纲、双髻鲨科鱼类的统称，它的拉丁学名为"Sphyrnidae"，来自希腊语中的锤子一词，因此又被称为锤头鲨。世界上一共有9种双髻鲨，我国有4种，主要分布于热带和亚热带海域。

因头部突起如双发髻而得名

成年双髻鲨的体长为3.7~4.3米，雌性体型一般大于雄性，寿命可超过30年。

双髻鲨以其头部左右两个突起如古代女子头上梳的双发髻而得名。双髻鲨头部的两个突起上各有一只眼睛和一个鼻孔。两眼之间相距1米，能使视野更开阔，更容易分辨远近；两个鼻孔远远分开，可更容易辨认气味的来源。

❖ 古代双发髻陶俑

双髻鲨部分种类已濒危。2014年9月，路氏双髻鲨、锤头双髻鲨和无沟双髻鲨被《濒危野生动植物种国际贸易公约》（CITES）列入附录Ⅱ，等同于中国国家二级保护动物，未经许可不得出售。

❖ 双髻鲨

❖《海错图》中的双髻鲨

锤头鲨很早之前在我国文献中就有记载，其中，南宋梁克家在所撰写的《三山志》中称之为帽头鲨；南宋罗濬撰所撰写的《四明志》中称之为丫髻鲨；南朝（宋）沈怀远所撰写的《南越志》中称之为鳍鱼；南朝（宋）诗人吴均创作的《吴都赋》中称之为鳍鳎；清朝聂璜的《海错图》中称之为黄昏鲨、云头鲨和双髻鲨。

双髻鲨的头宽而平扁，呈锤形或铲形，就像是水中的飞翼，能劈水前行，它的脑袋前方还分布有"化学传感器""电子传感器"和"压力传感器"，这一系列"现代化"的身体结构，能帮助双髻鲨在水中遨游，并准确地确定猎物的方向和速度。

都说双髻鲨的头部形状如古代女人的双发髻，其实更像清朝宫廷女人的发型。

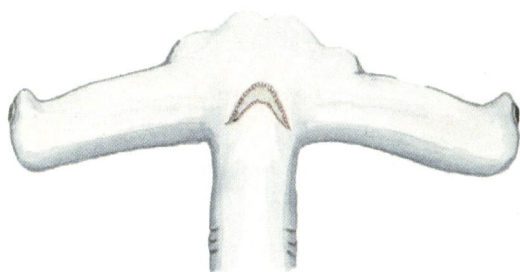

❖ 丁字双髻鲨

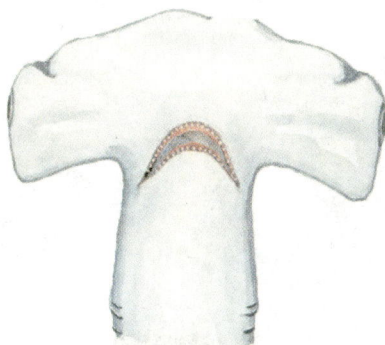

❖ 无沟双髻鲨

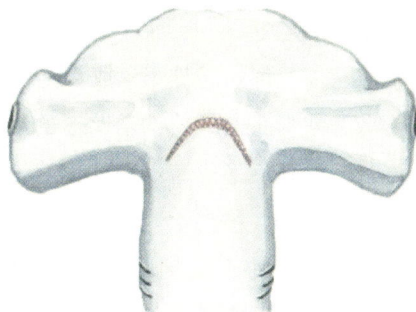

❖ 锤头双髻鲨

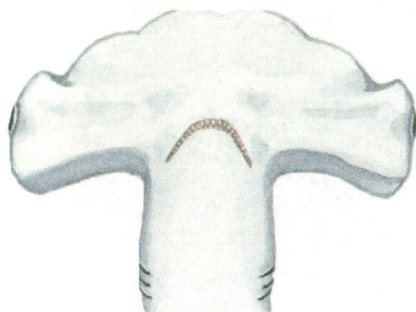

❖ 路氏双髻鲨

丁字双髻鲨的头部两翼特别长；头部前缘中央凸出的是锤头双髻鲨；前缘中央凹陷、鼻孔处较平滑的是无沟双髻鲨；前缘中央凹陷、鼻孔处深凹的是路氏双髻鲨。

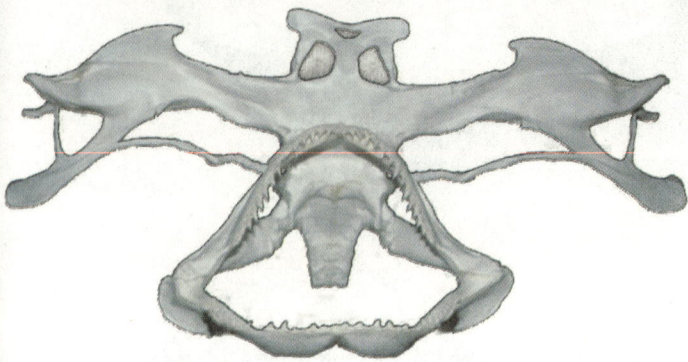

❖ 双髻鲨的横骨在鼻前

双髻鲨的嘴巴长在头的下方，一嘴尖利的牙齿让猎物胆战心惊。

这是1861年的版画，描绘了欧洲水手在非洲海岸捕到一条双髻鲨的场景。

❖ 版画：捕捉双髻鲨的场景

双髻鲨是一种危险的鲨鱼

双髻鲨是一种危险的鲨鱼。在《南越志》中有描述："鳐鱼，鼻有横骨如鐇（宽刃斧），海船逢之必断。"古人笔下的"鳐鱼"就是指鼻前有横骨的双髻鲨，并认为这种"横骨"如斧，威力无比，能将船斩断。古人的记载或许有点夸张，但是事实上，每年都有人类被双髻鲨袭击的事件发生。据海洋生物学者介绍，虽然双髻鲨是个贪婪的掠食者，但是很少会主动攻击人类，除非遇到人类的挑衅，如用鱼叉或渔网等在海中作业时，使双髻鲨受惊，它们就有可能向人类发起攻击。

锤头鲨风暴

双髻鲨是迁徙性鱼类。每到夏天，它们会游到温带海域避暑；冬天，它们会游到热带海域越冬。

每到迁徙季，成百上千条双髻鲨会聚成浩浩荡荡的迁徙队伍，形成海中最壮观的景象之一，被潜水爱好者称为"锤头鲨风暴"，因此，在它们迁徙沿途形成了众多著名的观赏点，如加拉帕戈斯群岛、日本的与那国岛、我国南沙的弹丸礁等。

豹鲂鮄

　　海洋之大，无奇不有，鱼类在进化时更是各显神通，如有会爬的鳖鱼、会跳的跳跳鱼、会飞的飞鱼，还有会唱歌的鲸，而豹鲂鮄集"游、爬、飞、唱"四项技能于一身。

　　豹鲂鮄俗称飞角鱼、猪叫鱼等，广布于太平洋和东大西洋热带和亚热带海域沿岸及附近深水底层，也会常常游到海洋的表层活动。

　　豹鲂鮄是一种暖水性海洋鱼类，外形似角鱼，体长 3~4.5 厘米，胸鳍分为两部分，前部分短，后部分长，呈翼状，而且色彩艳丽，是豹鲂鮄实现"海、陆、空"全能的重要工具。

　　豹鲂鮄的胸鳍由独立的鳍条组成，豹鲂鮄可以借助鳍条在广阔的海底自由自在地爬行。

❖ 豹鲂鮄

❖ 1877 年《不列颠群岛鱼类图谱：豹鲂鮄》

❖ 古画：飞行的豹鲂鮄群撞在桅杆上

欧洲有很多古画中都有豹鲂鮄飞行的场景。如豹鲂鮄群为了躲避鲨鱼、鳀鳅的捕食，慌忙飞向空中，撞在了帆船的桅杆上。

当豹鲂鮄需要去往较远的地方或逃离危险时，它会从爬行转为游泳，它的独立鳍条会迅速收拢，紧贴在体侧，以减少在水中的阻力。

当豹鲂鮄游兴达到高潮时，便会以极快的速度冲出海面，继而展开"双翅"——胸鳍，它的胸鳍会像鸟的

❖ 豹鲂鮄驭风飞翔

❖ 飞鱼
与飞鱼相比,豹鲂鮄的胸鳍更大、更长,张开来就像飞机的翅膀一样。豹鲂鮄能伸展胸鳍在水面滑行一段较长距离。

❖ 欧洲古画中飞行中的豹鲂鮄被海鸥捕食

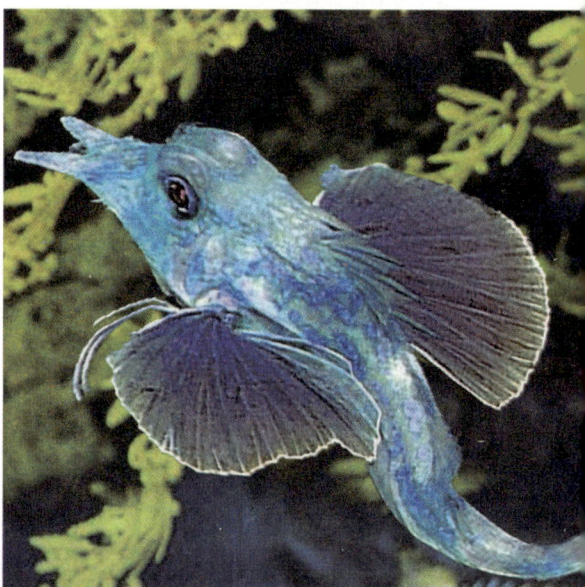

❖ 豹鲂鮄

翅膀一样扇动,在空中驭风飞行,虽然它的飞行不是真正的飞行,顶多算是滑翔,但是这种滑翔方式却能使它在海面上飞得更远。

　　豹鲂鮄除了能爬、游、飞之外,还会唱歌,其具有骨质的头部,舌颌骨会因和其他头骨摩擦而发出像小猪叫声一样的声音,因此它也被叫作猪叫鱼。豹鲂鮄的歌声虽然比不了鲸类的优美,但是也能使寂静的海洋增色不少。

❖ 古画中的文鳐鱼
宋代的《尔雅翼》中写道:"文鳐鱼出南海,大者长尺许,有翅与尾齐。一名飞鱼,群飞海上。"有人认为它是鳐鱼的一种,也有人认为中国古籍中的文鳐鱼或许就是中国海域的"单棘豹鲂鮄"。

太平洋褶柔鱼

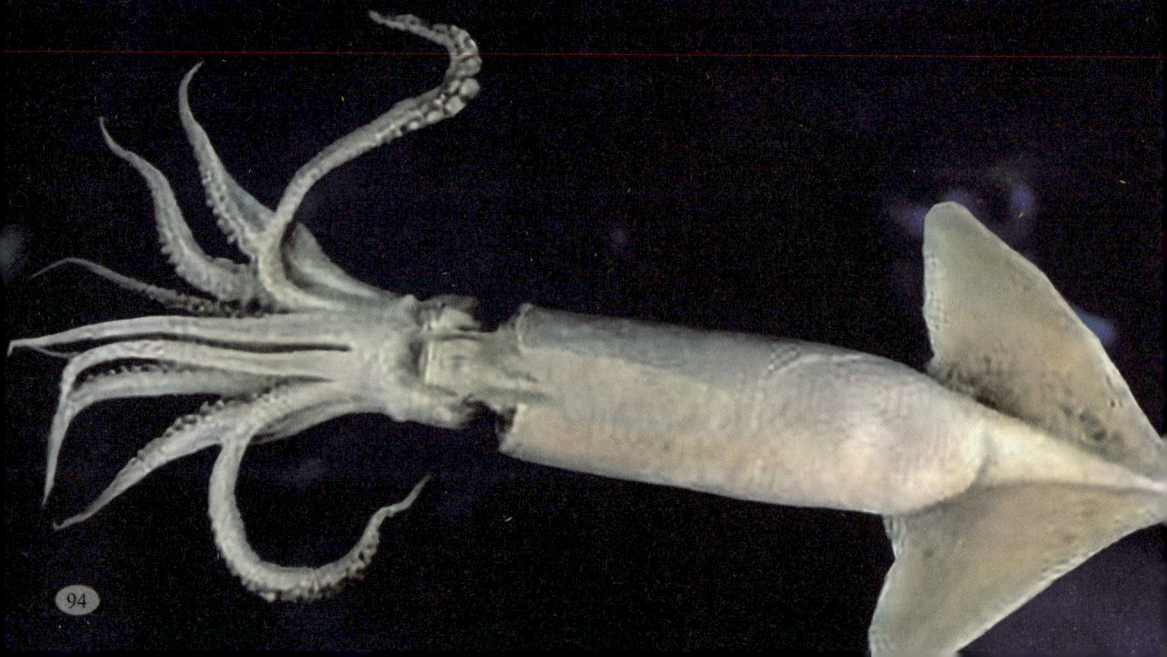

太平洋褶柔鱼为了躲避猎食者追捕，能像飞鱼一样，单独或成群地跃出水面，飞行距离能远达 50 米，场面非常壮观且难得一见。

有时海面上的船只驶过，也会惊扰到太平洋褶柔鱼，它们会慌张地飞出水面。

太平洋褶柔鱼是鱿鱼的一种，又称为太平洋斯氏柔鱼，主要分布于西北太平洋，东自堪察加半岛南端，北自鄂霍次克海、日本海、渤海、黄海、东海等。

凶猛的肉食者

太平洋褶柔鱼的身体呈圆锥形，成体长约 25 厘米，已知最大的体长为 30 厘米，中央部位边膜突出，略呈三角形；两鳍相接，略呈横菱形。

太平洋褶柔鱼主要栖居的海域环境为岛屿周围、半岛外海、海峡附近、陆架边缘和陡倾海岸边缘。它们是凶猛的肉食者，以捕食磷虾、大型浮游生物和沙丁鱼、鲭、鲹等中上层鱼类为主，有时甚至还会捕食同类。

❖ 太平洋褶柔鱼

❖ 成群的太平洋褶柔鱼

❖ 飞行中的太平洋褶柔鱼

会飞的鱿鱼

　　太平洋褶柔鱼在捕食猎物的同时，自身也是其他中上层大型生物的捕食对象，如金枪鱼、鲸等总喜欢追捕它们。为了躲避猎食者，太平洋褶柔鱼的身体会本能地向后跃起，它们能飞出海面 20 米高，然后借助横菱形的鱼鳍，在空中保持平衡，滑行距离可达 50 米。

空中天敌

　　太平洋褶柔鱼喜欢成群一起觅食或出游，当一群太平洋褶柔鱼被猎食者追捕时，它们会一起逃跑，并飞出海面滑行，那场面非常壮观且难得一见。它们靠飞行技能逃避了水面之下的威胁，却忽略了水面之上的危险。

　　海面上有信天翁、红脚鲣鸟等海鸟，它们喜欢盘旋于太平洋褶柔鱼常出没的海域，一旦太平洋褶柔鱼受惊飞出海面时，就可能成为它们的猎物。

太平洋褶柔鱼不是像飞鱼那样向前飞行，而是倒着飞行。它们钻出水面时，身体向后跃起，眼睛和触须位于后方，像"火箭"一样发射到空中，尾巴上的两个大肉鳍完全展开，像一对翅膀，提供上升的浮力，并在空中保持平衡。它们头部的腕足不断收缩，排列成风扇状，成为身体后方的第二对"翅膀"，为飞行提供动力并掌握前进方向。

❖ 海鸟在捕食飞行中的太平洋褶柔鱼

洄游性

太平洋褶柔鱼是洄游性海洋生物，能做较长距离的水平洄游，包括生殖洄游、索饵洄游和越冬洄游等。在太平洋褶柔鱼整个生命周期中，其生活适温很广，为5~27℃，不同生活阶段中的适温范围有所变化：北上交配时的适温为10~17℃，南下产卵时的适温为15~20℃。

太平洋褶柔鱼的寿命约为1年，雄性交配后和雌性产卵后亲体均相继死去。幼鱼仅需4~5天就能从受精卵中孵化出来，在底层水域生活数日后，就具有一定的游泳能力和捕食本领，随即就上升到中上层水域，随着水温变化做不同的洄游。

❖ 红脚鲣鸟准备捕食太平洋褶柔鱼

海蛾鱼

如 同 海 底 飞 行 的 麻 雀

海蛾鱼生活在海底或河底，其展开胸鳍时如同一只展翅飞行的麻雀，虽然它不能真正地飞翔，但是它却可以在水底爬行，这和大部分鱼类都不同。

海蛾鱼俗名海麻雀、海燕子、海天狗等，主要分布于印度－西太平洋区温带至热带地区，生活在沿海岸到水深 150 米之间的沙泥底支水域和河口水域或河川中下游，它是 6 种底栖海产小型鱼的统称。

海蛾鱼的身体扁平窄长，体长小于 20 厘米，眼圆大，口小，无牙。海蛾鱼的游泳能力不强，常停栖在沙泥地上，由于它的背鳍、臀鳍较小，胸鳍宽大，因此，常以腹鳍的指状鳍条支撑鱼体并缓慢爬行。海蛾鱼是肉食性的，以摄食小型浮游生物和小型底栖无脊椎动物为主。

在沿海地区，海蛾鱼常被晒干当作药用，治疗小儿麻疹、甲状腺肿瘤等。

❖ **像麻雀飞行的海蛾鱼**

海蛾鱼中最著名的品种是飞海蛾鱼，它们的眼睛为蓝色，身体为褐色或深红色，从印度到澳大利亚均有发现。

❖ **海蛾鱼**

❖ **海底的海蛾鱼**

海蛾鱼的品种有龙海蛾鱼、宽海蛾鱼、黑海蛾鱼、短海蛾鱼、飞海蛾鱼和矛海蛾鱼等。

竖琴海绵

竖琴海绵和其他海绵一样很少移动，不过，与其他海绵不一样的是，它不是以有机物和细菌等为食，而是进化出了食肉的能力，是一种少见的肉食性海绵。

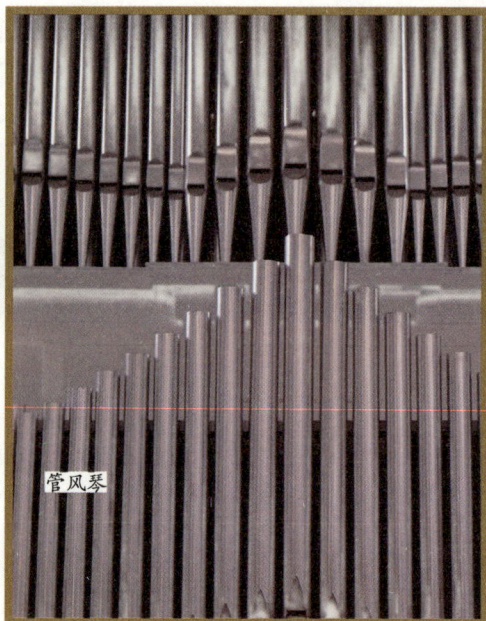

竖琴

管风琴

烛台

❖ 竖琴海绵很像竖琴、管风琴、烛台

竖琴海绵主要生活在美国加利福尼亚海域水深3300~3500米的海中，是一种肉食性海绵。

大多数海绵的外形都是团块状的或漏斗状的，而竖琴海绵的形状却非常独特，它的5条主枝状体呈中心放射状伸展，每条主枝状体上又平均、垂直分布着众多白色分枝（触手），形象如同竖琴的琴弦，又像小管风琴的琴管、水晶吊灯和插满蜡烛的烛台等。

竖琴海绵是近20年内由蒙特利湾水族馆研究所的科学家首次发现的。

❖ 竖琴海绵

竖琴海绵的这些分枝并不是摆设，因为上面密布着众多的倒刺，竖琴海绵可以利用这些倒刺勾住体型微小的桡足类动物，然后再用纤薄的体膜将猎物包裹起来，缓慢地将猎物消化。

竖琴海绵是一种独特的生物，为了适应条件恶劣的深海环境，进化出了食肉特性。它曾因这种外形和食性而被科学家称为地球上出现的"十大新物种"之一。

❖ 竖琴海绵上的小球
竖琴海绵每一根白色分枝上都长有圆润的小球，颜色白亮，如金属小球。

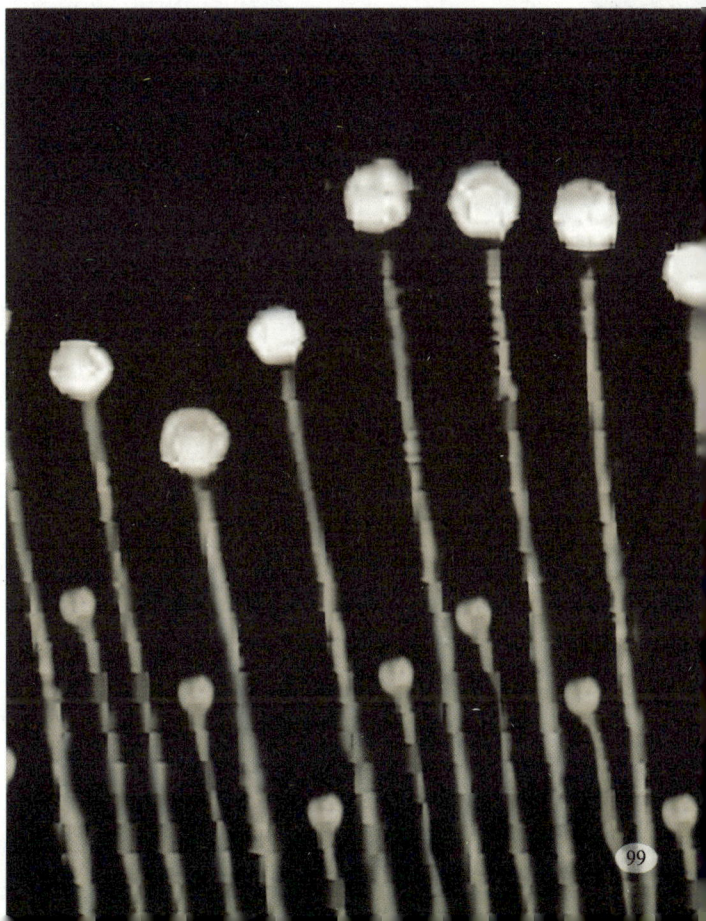

单角鼻鱼

海洋中有一种长着长长的鼻子的鱼，其形象如同《市偶奇遇记》中长着长鼻子的匹诺曹一样，带有几分荒诞，又有几分搞笑。

单角鼻鱼又称长吻鼻鱼、粗棘鼻鱼，俗名剥皮仔、打铁婆、独角倒吊、独角吊、独角兽、长鼻天狗、长吻鼻鱼等，是一种生活在珊瑚礁区周边的热带海水鱼类，主要分布于非洲东部、印度洋－太平洋海域北部及夏威夷海域。

长相如同长鼻子匹诺曹

单角鼻鱼的体形呈椭圆形并侧扁，体色为蓝灰色，腹侧为黄褐色，长到 30 厘米左右大时，头顶会长出角状突起，随着体长的增加，头顶的角状突起会不断增大，直到体长达到 70 厘米左右后，头顶的角状突起才不再生长，其长度会因不同种类而不同，看上去像《木偶奇遇记》中匹诺曹的长鼻子，有点古怪且搞笑。

外科医生鱼

单角鼻鱼因头顶长长的角状突起而得名"单角、独角、长鼻"等，而更让人意想不到的是，单角鼻鱼作为刺尾鱼科的成员，和其他种类的刺尾鱼一样，它的尾柄上同样长有硬棘，其锋利如外科手术刀，一旦遇到危险时，它就会顶着长

❖ 长着长鼻子的匹诺曹

❖ 单角鼻鱼

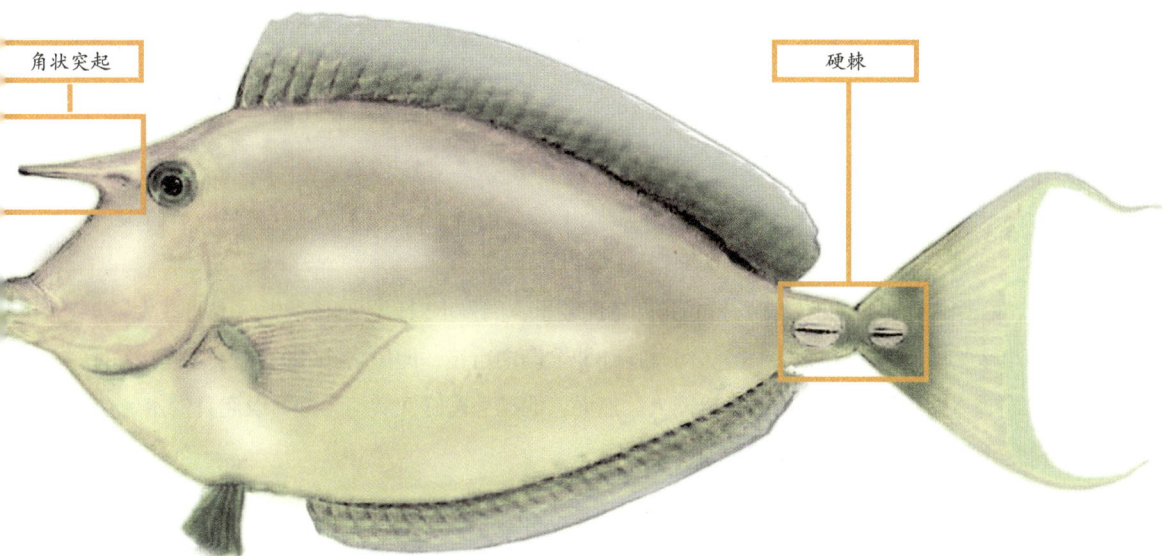

角状突起

硬棘

❖ 单角鼻鱼的角状突起和硬棘

角，挥动尾巴，到处乱窜，使猎食者不敢靠近，因为只要被它的硬棘或长角刺中便会受伤，这也是"刺尾鱼科"得名的原因，国外则直接将这类鱼叫作"外科医生鱼"。

对同类不友好的鱼

单角鼻鱼幼年时期多活动于珊瑚礁区，觅食礁石上的海藻等，并利用礁石躲避天敌。成年后变成杂食性，其活动范围也会逐渐扩大，不再局限于礁石区，但是到了晚上依旧会回到石洞、珊瑚礁隐蔽区过夜。

单角鼻鱼不仅长相怪异，而且行为也有点怪异，它们常会因看不惯同类而发起攻击，然而，它们对其他种类的鱼却非常友好，哪怕是比它们还要弱小的鱼类，单角鼻鱼都不会主动攻击。

单角鼻鱼的体色会随着生活海域的颜色而改变。

❖ 生活在海底的单角鼻鱼

肩章鲨

在绝大部分人的认知中，鲨鱼是海中的霸王，离开水只有死路一条。日本动画片《铁甲小宝》里的鲨鱼（辣椒）虽然可以在陆地上自由行走，但是它却非地球上的生物，而是高圆寺博士制造的一个鲨鱼机器人。然而，地球上确确实实有一种可以离开海水、在陆地上捕食的鲨鱼——肩章鲨。

❖ 肩章鲨

❖ 日本动画片《铁甲小宝》里的鲨鱼（辣椒）

肩章鲨喜欢"走路"而不喜欢游泳，并进化出"行走"能力，因而又被称为走路鲨。它们常出没于马来西亚、苏门答腊及位于南纬 1°~26° 的所罗门群岛等海域。

滩涂上的顶级猎食者

肩章鲨是一种生活在热带水域的小型鲨鱼，平均体长 1 米左右，体色呈米色或褐色，全身布满深褐色的斑点，在胸鳍上方有一个特别明显的大斑点，看起来像肩章，肩章鲨也因此而得名。

肩章鲨虽然是鲨鱼，但是看上去更像蝾螈，它的胸鳍和臀鳍宽而圆，有十分强壮的肌肉，肩章鲨依靠胸鳍和臀鳍出没于珊瑚礁的浅水带，尤其是水深 50 米以下的潮汐池及浅水区域。肩章鲨可以在退潮后，靠鳍在滩涂上"爬"行，并在滩涂以及潮汐池内大开杀戒，它用嘴下的触须探测猎

❖ 蝾螈
肩章鲨的体形很像蝾螈，只是蝾螈用脚走路，肩章鲨则用鳍行走。

物，加上坚硬的牙齿，很容易就能捕捉到螃蟹、贝壳、环节类和其他无脊椎动物，是滩涂上的顶级猎食者。

能长时间停留在陆地

肩章鲨在适应生存环境的过程中，鳍演化成了"足"，能像爬行动物一样在陆地上爬行。此外，科学家还发现，肩章鲨靠肺呼吸，不在水中就无法获得氧气，但是它却能在低氧环境中，通过减缓自己的心率和呼吸来减少对氧气的需求。此外，如果遇到极端环境，肩章鲨还能限制大脑某些部位的血液流动，从而降低自己的能耗，使自己能更长时间地停留在陆地捕食。肩章鲨通过演化出的这些能力，成为螃蟹、贝壳、环节类和其他无脊椎动物等的噩梦。

❖ 海底的肩章鲨
肩章鲨的大脑负责嗅觉的组织占 62%，比大部分鲨鱼的比例高不少，而视顶盖只有 21%，比其他鲨鱼的还要少，说明肩章鲨是靠嗅觉捕食的鲨类。

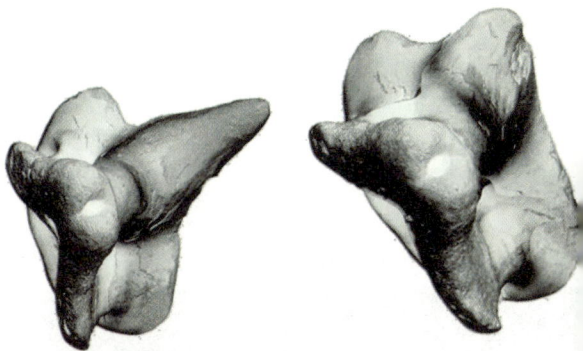

❖ 肩章鲨坚硬的牙齿

❖ 双髻鲨
肩章鲨出现于 900 万年前，是地球上"最年轻"的鲨鱼物种。在发现肩章鲨之前，双髻鲨被认为是"最年轻"的鲨鱼，大约出现于 2300 万年前。

❖ 肩章鲨的"肩章"

2008 年之前，只发现了 5 种可以"步行"的肩章鲨，截至目前，肩章鲨家族的成员已经扩大到了 9 种。虽然不同种类的肩章鲨有类似的解剖结构，但它们也有不同的体色和标志性大斑点，即"肩章"。

肩章鲨习惯慢慢品尝它们的美食，有时候会咀嚼 5~10 分钟才咽下，它们的牙齿也可以磨碎一些贝壳类食物。

肩章鲨为卵生，雌性一次能产约 15 枚卵。

❖ 肩章鲨嘴下的短触须

　　所幸的是，肩章鲨只能登陆浅海以及滩涂，并没有进一步"登岸"的能力，不然，恐惧的就不只是小鱼、小虾了。

肩章鲨的前胸鳍和后胸鳍几乎一样大，尾鳍退化严重，第二背鳍有第一背鳍的一半大。

假如鲨鱼真能进化出 4 条腿，在陆地上行走，那可真是太恐怖了。

❖ 能"步行"的肩章鲨

❖ 长脚的鲨鱼——《X 特遣队：全员集结》剧照

膨胀鲨鱼

鲨鱼在人们的印象中是凶悍的海中霸王，可是膨胀鲨鱼却完全颠覆了人们的认知，因为它不但不凶，而且非常呆萌，遇到危险时，会把自己膨胀得像气球一样，让敌人无从下口。

膨胀鲨鱼又叫膨鲨、气球鲨鱼，体长不过1米，是一种小型鲨鱼，也是海洋里的"底层食客"，多数的时候喜欢躲在石头缝隙中伏击路过的螃蟹和乌贼等小型生物。

恐吓来犯之敌

膨胀鲨鱼的体型在鲨鱼界中只能算是小的，所以需要像其他小型生物一样有自己的保命技能。膨胀鲨鱼就像它们的名字一样，在受到威胁时，它们会迅速将海水吸入腹部，将身体膨胀为正常大小的两倍，使它们看起来更高大、威猛，恐吓来犯之敌。

时而瘪如弯月

如果遇到像蓝鲸这样体型巨大的生物，将身体膨胀根本毫无效果，这时，膨胀鲨鱼会用嘴衔住尾巴，将身体弓成新月形，然后把自己膨胀成一个巨大的环，卡在石头缝隙中，即使被大鱼咬住了，它们也只会损失一块肉，而不会被吞掉，可以说，这是它们非常聪明的防御、保命手段了。

❖ 膨胀鲨鱼

在海中抓捕到膨胀鲨鱼时，它来不及喝海水，所以只能喝空气让自己膨胀起来，此时，如果用小木棍捅它的贲门括约肌，膨胀鲨鱼腹中的空气会迅速吐出，从而发出如小狗般的叫声，非常滑稽。

❖ 粉色膨胀鲨鱼

Facebook上曾公布一条奇怪的鱼，它全身粉白相间，有3个换气鳃裂，与一般的膨胀鲨鱼很不相同，专家对它的了解也不多，但是可以确定这条粉色的鲨鱼是膨胀鲨鱼的一种。

舒氏猪齿鱼

　　随着纪录片《蓝色星球2》中舒氏猪齿鱼的捕猎过程播出，大家对这种鱼有了不一样的认知。科学家曾经认为使用工具是人类的一个重要特征，万万没想到舒氏猪齿鱼竟然也是使用工具的能手，其整个捕猎过程堪称海洋世界的智者行为。

　　舒氏猪齿鱼俗称青衣鱼，主要分布于印度－西太平洋区。

两对犬齿暴露在嘴外

　　舒氏猪齿鱼的种类颇多，它们的体长可达1米，大部分身体呈椭圆形，头部背面轮廓圆凸，头前端与吻部成大倾斜角度，上、下颌突出，前端有两对犬齿暴露在嘴外，好似野猪的獠牙。雌雄成鱼的体色区别较大，雌体为浅黄色，雄体为青色。

　　舒氏猪齿鱼一般生活在4~40米深的海域，白天觅食，夜晚在礁石的岩穴或岩荫处休息。舒氏猪齿鱼属于肉食性鱼类，主要以大型甲壳类、软体动物和其他小型鱼类为食。它们掌握了寻找猎物和使用工具猎食的能力，因此，它们的捕猎水平超过了一般的鱼类。

这是纪录片《蓝色星球2》中舒氏猪齿鱼捕猎过程的截图。
❖ 准备叼贝壳的舒氏猪齿鱼

寻找猎物的能力

　　舒氏猪齿鱼最喜欢的食物是贝壳，而贝壳平时总是将身体埋在海底沙土之中，一般很难被猎食者发现。不过，贝壳这样的保命技能，在舒氏猪齿鱼面前不值一提。舒氏猪齿鱼捕猎时，会游荡在海底，耐心观察沙土的变化，但凡有略凸的沙堆，它就会吸一口海水，然后朝沙堆用力吐射过去，将沙土射散，经过多次射水，就能找出藏于沙土中的贝壳。除此之外，舒氏猪齿鱼还会利用嘴搬开一些岩石块和碎珊瑚，寻找藏于其间的猎物。

使用工具的能力

　　在大多数情况下，猎食者即便是发现了藏在海底沙土中的贝壳，也会因为其厚厚的壳而束手无策，无从下口，不过，舒氏猪齿鱼却不在此列。

　　舒氏猪齿鱼发现贝壳后，会第一时间用其暴露的两对犬齿咬贝壳，如果无法咬碎，舒氏猪齿鱼就会叼起贝壳，甩动鱼头，将贝壳狠狠地砸向岩石，如此反复，用不了几下，贝壳便会被岩石砸碎。舒氏猪齿鱼利用岩石砸贝壳的行为，在海洋生物中罕见，它也是少有的会利用工具捕猎的生物，因此堪称海洋世界的智者。

❖ 搬碎珊瑚的舒氏猪齿鱼

雪人蟹

会 饲 养 细 菌 的 深 海 生 物

传说中，雪人是生活在喜马拉雅山区的一种怪物，全身长毛、用四肢屈膝行走，时而仁慈、温柔，时而凶猛、狂暴，但是自古以来能见到其真容者却寥寥无几。然而，人们却在2300米深的海底见到了另一种被称作雪人的生物——雪人蟹。

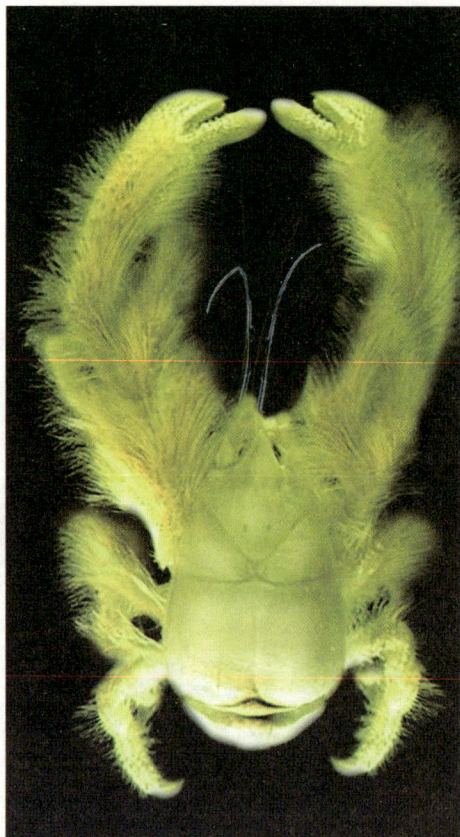

❖ **雪人蟹**

雪人蟹的模样同龙虾、螃蟹相似，全身覆盖着丝绸般的丝毛。它是2005年才被发现的新物种，由于雪人蟹与其他甲壳动物截然不同，科学家为其新创了一个动物科属，并以波利尼西亚神话中甲壳动物的保护神"基瓦"命名，称其为"基瓦多毛怪"。截至2021年，科学家在不同海域中记录了大约有6种不同的雪人蟹，它们都被划分在雪人蟹科（基瓦多毛怪科）中。

在南太平洋复活节岛以南1500千米处一个深达2300米的深海热泉口，生活着一种与众不同的蟹——雪人蟹。

雪人蟹被科学家称为"基瓦多毛怪"，其通体雪白，除了一对大长钳子上长满了如同雪人身上的毛一样的长毛之外，并没有传说中雪人的巨大体型，它的体长仅15

❖ **美国动画片《雪怪大冒险》中的雪人**

在科学还不发达的年代，关于雪人怪的传说几乎没有中断过，关于雪人怪的各种题材也被搬上荧幕。

厘米左右。雪人蟹常年居住在深海热泉口附近，它们的视网膜已经退化，基本上已经不能靠眼睛捕捉食物了，不过，它们有一项特殊的技能，那就是饲养细菌，然后自给自足。

雪人蟹将自己长满长毛的大长钳子当作农场，然后将细菌饲养在长毛中。平时，雪人蟹会挥舞着钳子，好像对外来者充满了敌意，实际上，它们根本看不见任何外来者，这么做的主要目的是让细菌能从海水里获得更多营养，生长得更迅速。

雪人蟹饲养的细菌是它们能在危险重重的热泉区存活下来的秘密武器。除了能果腹之外，这些细菌还能帮助雪人蟹消除海底热泉的有毒矿物质；这些细菌吞噬热泉有毒物质后会使自身带毒，可以帮助雪人蟹抵御猎食者的猎杀。此外，这些细菌还是失明的雪人蟹找到伴侣的"传感器"。

美国宾夕法尼亚大学的海洋生态学家查尔斯·弗舍尔说："以自身培育共生体来说，雪人蟹获取营养的方式是我所看过的最出色的。"

❖ 海底热泉口的雪人蟹

109

招潮蟹

　　招潮蟹是海滩上最常见的蟹之一，其最神奇之处是有一只颜色鲜亮的超大螯钳，十分醒目。不管它前面是蟹、虾，还是潮水，就算是站一个人，它也会挥舞大螯钳，做出示威的架势，然后迅速逃进洞里，显得十分可爱。

❖ **招潮蟹**
中国的招潮蟹属有 10 余种，常见的有弧边招潮蟹、四指招潮蟹、清白招潮蟹及环纹招潮蟹等，分布于沿海各省。

❖ **招潮蟹像块盾牌一样的大螯钳**

　　招潮蟹广泛分布于全球热带、亚热带的潮间带，栖居于泥泞的海滩上，是暖水性并具群集性的蟹类。

招潮蟹拥有一只大螯钳

　　招潮蟹中的雄蟹比雌蟹更有特色，它们的体色较雌蟹鲜明，颜色包括珊瑚红色、艳绿色、金黄色和淡蓝色等。雄性招潮蟹如枪虾一样，拥有一大一小两只螯钳，其中大螯钳非常醒目，而且远大于身体直径，像盾牌一样挡在它们面

前。和许多有螯钳的生物一样，招潮蟹的大螯钳也是对敌作战、挖洞和求偶的装备。

招潮蟹的小螯钳很小，主要用来刮取淤泥表面富含藻类和其他有机物的小颗粒送进嘴巴。如果不幸失去大螯钳，小螯钳就会长成大螯钳，而原先失去大螯钳的地方会长出小螯钳。

沙滩上的提琴手

招潮蟹有一个招牌动作，每当涨潮时，雄蟹会举起大螯钳挥舞着，好像在指挥潮水吞噬海滩，因此而得名。它挥舞大螯钳的动作酷似小提琴手在演奏，又被人称为"沙滩上的提琴手"。

招潮蟹在泥泞的海滩上挖洞穴，洞穴深度一般和地下水位有关，最深可达 30 厘米左右。招潮蟹的生活很有规律，一般潮起而居，潮落而出。涨潮时，招潮蟹会举着大螯钳，忙碌地挖泥球堵住洞口，退潮后，它们又会忙碌地在海滩上觅食和修补被潮水冲垮的洞穴，或者重新挖掘洞穴。

❖ **挥舞大螯钳的招潮蟹**

❖ **在打架的招潮蟹**
雄性招潮蟹举着大螯钳，大部分时间是用来恐吓、威慑入侵者或争夺配偶。

有些雄性招潮蟹修建房屋的能力差，或者干脆是因为懒惰，它们会举着大螯钳，霸占别人修建好的洞穴。因此，雄性招潮蟹之间的战斗不仅仅为了争夺配偶，有时也会发生在争夺房屋时。

❖ **为争夺房屋而战斗**

挖洞高手

招潮蟹群体和人类社会很像，雄蟹有好房子才能更加容易找到"老婆"，因此，几乎每只雄蟹都是挖洞能手。

有些雄蟹将洞穴建在"游泳池"（水坑）旁；有些雄蟹还会在洞穴前垒一处平台；有些雄蟹会将洞口垒砌成烟囱状；更有甚者，会建造一个半圆伞形的盖，盖于洞口。其实，在几次潮起潮落之后，大部分豪华的洞穴都会被冲垮，但是这并不妨碍它们继续建造新的家园，以吸引雌蟹，繁衍后代。

雄性招潮蟹的大螯钳不仅仅是为了战斗和争夺配偶的武器，而且是挖掘、修建"房屋"的工具，因为房屋修建得越豪华，越证明房屋的主人有能耐，因此找配偶也就越容易。

❖ **被垒砌成烟囱状的招潮蟹洞穴**

椰子蟹

椰子蟹是一种生活在海岛上的巨蟹，它们看起来和科幻电影中的外星球怪物有些相似，它们既是能"徒手"剥开椰子壳的大力士，也是横行霸道的强盗蟹，天上飞的、地上跑的、水里游的，它们无所不吃。

椰子蟹又称八卦蟹，主要生活在整个印度洋和西太平洋海域附近的热带树林中。

爱吃椰肉

椰子蟹几乎什么都吃，尤其是在饥饿的时候，无论是植物的果实或者叶子，还是腐败的动物尸体，它们都会大快朵颐。它们偶尔还会抓老鼠、小鸟之类的小动物吃，有时甚至会吃小于自己的同类。

椰子蟹虽然食性很杂，但是最爱吃的却是椰肉。它们善于爬树，能轻而易举地爬上高高的椰树，然后用巨大而有力的钳子（双螯）剪下椰子，凿开壳，吃椰肉，因此而得名。

有"强盗蟹"的绰号

椰子蟹是世界上现存最大型的陆生节肢动物，它们的体型很大，头胸甲长达 16 厘米，最长能超过 50 厘米；体重达 6 千克以上，最大体重能达 7 千克。

椰子蟹通常喜欢在树林间的沙土或树根等地方寻找或挖掘洞穴，它们怕强光，因而白天都蹲在洞穴里休息，夜间才外出游览和觅食。它们常会爬到椰树、棕榈、栲树等的

❖ **椰子蟹**

椰子蟹在印度洋的圣诞岛以及马来群岛、印度尼西亚、菲律宾、澳大利亚，以及我国南海都有分布。

在印度洋和太平洋的一些缺乏植被的小岛上，老鼠为了生存会捕食椰子蟹，而椰子蟹也会因为食物匮乏而捕食老鼠。

有科学家研究发现：椰子蟹钳子的力量高达 29.4~1765.2 牛顿，比其他任何甲壳动物的夹钳力都要高，而人类的咬合力最大为 340 牛顿，相比较来看，椰子蟹从咬合力上完全秒杀人类！

❖爬上皮卡的椰子蟹

椰子蟹的体型巨大，加上各地都加以保护，因此它们总是有恃无恐地在各个角落寻找它们需要的"宝物"，有时甚至爬上路边的车里翻找。

雄性椰子蟹的体型远远大于雌性，它们的眼睛为红色，体色在生存的岛屿之间有不同的变化，从紫蓝色至橙红色都有。

树顶，享受自然或寻找食物；有时会在路边翻垃圾箱，寻找食物或者"宝物"；有时还会悄悄爬进当地人家中或者游客的帐篷里，偷窃食物或者一些它们认为的"宝物"。因此，椰子蟹又有"强盗蟹"的绰号。

❖在捕捉鸡的椰子蟹

椰子蟹体型巨大，而且横行霸道，不仅常爬进人们的家中或者游客的帐篷中偷窃，有时还会偷袭家禽甚至家畜等。

幼体在海中成长

椰子蟹是来自海洋的动物，虽然长期在陆地上生活，但是到了繁殖季节，它们就会回到海里产卵。

椰子蟹的幼体在海水中成长，初期，它们的生活与其他寄居蟹相似。幼椰子蟹的腹部甲壳很软，它们会寻找螺壳背在身上，将腹部保护在其中。随着成长，椰子蟹经过若干次脱壳后，它们寄居的螺壳也会越换越大，等到腹部甲壳逐渐硬化，它们便会脱离寄居的螺壳，逐渐向陆地森林靠近。

椰子蟹的成长速度极其缓慢，一只4千克重的椰子蟹需要花费40年的时间，通过几十次脱壳才能长成。成年后，它们便不再增加体长。椰子蟹的寿命可长达60年，它们虽然是蟹的一种，但是已经适应了陆地上的生活，在水里待太久反而会被淹死。

椰子蟹的鲜嫩肉质闻名于世，因而被人类大肆捕捉，加上自然栖息环境被破坏，椰子蟹的踪迹已越来越难寻觅。

❖ 寄居在螺壳中的幼椰子蟹

虽然椰子蟹有"强盗蟹"的绰号，但是其幼蟹非常弱小，因此，幼椰子蟹会和寄居蟹一样藏在贝壳、海螺壳中，过着寄居生活，直到长到足够强壮，才会扔掉身上背负的螺壳。

❖ 椰子蟹指示牌

椰子蟹曾经因陆地上没有什么天敌而繁衍过快，泛滥成灾，直到被"吃货"们发现了它们的美味，导致被疯狂捕捉，使椰子蟹一度成为一种濒临灭绝的生物，为了保护日渐稀少的椰子蟹，各国政府出台政策，不允许大家滥捕、滥杀椰子蟹了。因此，在椰子蟹出没的地方，都会有关于椰子蟹的标示牌，让人注意，不要伤害它们。

❖ 爬树的椰子蟹

115

雀尾螳螂虾

雀尾螳螂虾是一种美丽得耀眼的生物，外表由鲜艳的红、蓝、绿等多种颜色构成。"雀尾"很好地概括了这种虾的体貌特征，一方面用来形容它们色彩艳丽的身体如孔雀般美丽；另一方面则用来形容它们的尾部，就像雀鸟张开的羽翼那样华丽，令人印象深刻。

雀尾螳螂虾又称七彩螳螂虾、孔雀螳螂虾、小丑螳螂虾、咕溜眼、蝉形齿指虾蛄，是虾蛄的一种，主要分布于印度尼西亚的巴厘岛附近水域，在我国的台湾附近海域和南海也有分布，通常喜欢栖息于温热带深度不超过40米的海域。

美丽的雀尾

雀尾螳螂虾的大小不一，体长小的仅约3厘米，大的能长到18厘米，它们拥有一对能看到"另一个世界"的眼睛。

雀尾螳螂虾虽然叫虾，却并非真正的虾，而是一种甲壳动物，拥有霸气的前螯肢，它们

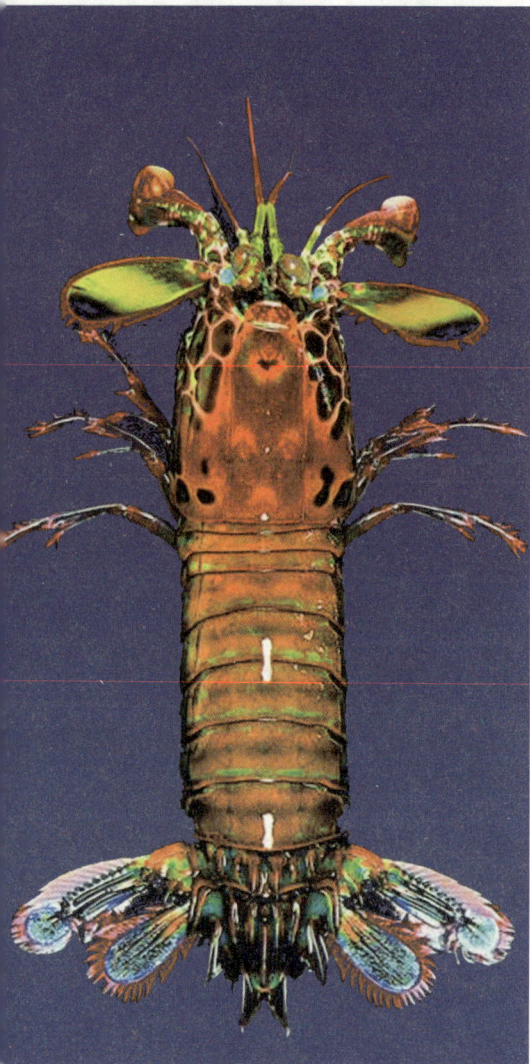

❖ 雀尾螳螂虾
雀尾螳螂虾螯肢的姿势与螳螂一模一样。

雀尾螳螂虾因尾巴很像雀鸟的尾巴而得名。
❖ 雀鸟

生性好斗、凶残、狠虐，是天生的"拳击手"，其名为"螳螂"虾，则是因为其螯肢的"拳击"姿势与螳螂一模一样而得名。

无可匹敌的"拳击手"

雀尾螳螂虾的前螯肢经过数千万年的演化，已经进化成一对威力十足的"弹簧铁拳"，螯肢的末端如同钉子般尖锐。

雀尾螳螂虾"出拳"的速度惊人，它可以在 1/50 秒内将螯肢弹射开，弹射的最高时速超过 80 千米，加速度超过很多小口径手枪子弹的速度，它们"出拳"时可产生最高达 60 千克的冲击力，瞬间由摩擦产生的高温甚至能让周围的水冒出电火花。

雀尾螳螂虾的螯肢是它们的"铁拳"，因此，它们被誉为海洋世界中无可匹敌的"拳击手"。

生性好斗，脾气暴躁

雀尾螳螂虾属于凶残的肉食性虾蛄，生性好斗，捕食时专挑硬家伙下手。不管是甲壳动物、贝类及螺类，还是身上背着盔甲或以盔甲为家的生物，只要被雀尾螳螂虾盯上，即

❖ 螳螂

❖ 生活在海底的雀尾螳螂虾

❖ 雀尾螳螂虾的复眼

圆振偏光是呈螺旋状变化的光线，雀尾螳螂虾是少数能看见并且使用这种光线的生物，据说它们是非常古老的特种，已有几亿年没有进化了。

雀尾螳螂虾是一种肉食性并生性好斗的动物，如果把一只雀尾螳螂虾放进一个大鱼缸里，过不了多久，鱼缸里其他的小动物就会被雀尾螳螂虾给吃个精光，所以雀尾螳螂虾只适合单养。

❖ 采蜜的蜜蜂

蜜蜂可以用偏振光为同伴指明食物位置。

便是躲入甲壳之中，在雀尾螳螂虾的组合拳下，甲壳很快就会被砸烂。

此外，雀尾螳螂虾的脾气暴躁，无所畏惧，即便是被天敌抓住，它们也会挥舞铁拳，拼死挣扎，直到被释放为止，否则就会一直抗争。

有人曾戴着手套抓捕雀尾螳螂虾，结果还是被其强大的攻击力弄伤了手指，因此，千万别想着将它们放入水族箱，除非是用防弹玻璃做的水族箱，否则雀尾螳螂虾的一拳就能将玻璃缸击得粉碎。事实上，即便它们不砸水族箱，以它们那暴虐的脾气和凶残的性格，也会将水族箱内的其他鱼、虾直接虐杀。

能看到另一个世界的眼睛

雀尾螳螂虾除了拥有霸道的铁拳之外，还有两只远胜于人类的复眼，它们不仅能看见人类肉眼能看见的光，还能看见紫外线和红外线。此外，由于独特而复杂的眼部构造，它们还能看见偏振光。

在动物界中，候鸟靠偏振光指引方向；蜜蜂用偏振光为同伴指明食物位置。而雀尾螳螂虾则靠偏振光在茫茫大海中寻觅配偶以及秘密传情，因为雀尾螳螂虾的软甲中含有大量糖分，能反射出闪亮耀眼的圆振偏光，所以很容易找到彼此，然后双方会用偏振光进行互动和交流。

雀尾螳螂虾使用偏振光时，既保障了沟通的私密性，就像摩斯密码，还能够躲开掠食者和天敌，真是太聪明、太先进了。

医生虾

被 各 种 海 洋 鱼 类 喜 爱 的 虾

动画片《海底总动员》中小丑鱼尼莫在鱼缸里认识了一群朋友，其中有一位就是医生虾，它满口法语，还爱搞清洁，使人印象深刻。现实中的医生虾与电影中的几乎一模一样，通体颜色非常鲜艳，其背部为红色，中间有一条白线在尾部以 T 字形结束，因有爱搞清洁的习惯而被各种海洋鱼类喜爱。

医生虾又称清洁虾，俗称"鲜红女士"，主要分布在印度洋–太平洋海域的珊瑚礁附近，靠取食珊瑚礁周围的鱼类体表的寄生虫、坏死组织为生。

与大鱼共生

医生虾最大的成体可长到 6 厘米，经常成群出现，在珊瑚礁或石头上设立一个"清洁站"，专门给各种大型鱼类清洁身体。

医生虾非常友好，任何生物只要来到"清洁站"，它们都会帮忙"清理、清洁"身体，吃掉这些鱼身上或鳃部的寄生虫、死皮，减少鱼的疾病及感染的可能。因此，在海洋中几乎所有的鱼类都不会吞食清洁虾，而且一些凶猛的鱼类还会为清洁虾提供安全保障。

医生虾凭借帮助大型鱼类清理身体的技能，和它们达成了"默契"，形成共生联盟。

与海鳗的共生联盟

在医生虾的共生联盟中，要数它们和海鳗的共生联盟最为有名。海鳗是非常凶猛的肉食性鱼类，几乎任何虾、蟹、小鱼、章鱼都无法逃脱它们的猎杀，不过，它们却从来不会捕食医生虾，因为医生

❖ 小丑鱼尼莫和医生虾

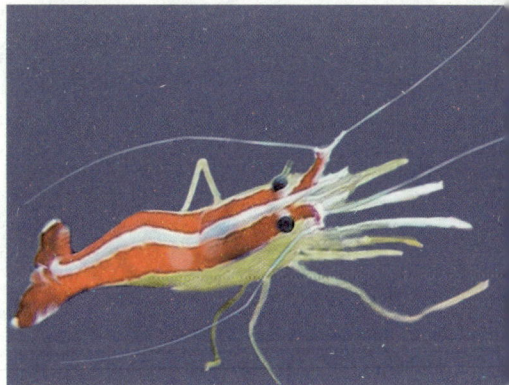

❖ 医生虾

119

❖ 医生虾夫妻

医生虾和很多虾一样，是一类雌雄同体的生物，雄性先成熟，进而转化为雌性。

医生虾为其他生物清洁的行为是一种本能，即使人类把手放到它们的"清洁站"，它们也会用它们那对细小的"剪刀"巧妙地进行清洁。

❖ 在海鳗口中的医生虾

虾会帮助海鳗清理身体上的寄生虫以及口腔内的残渣，这有助于海鳗的健康。因此，海鳗不仅将医生虾从食谱中移除了，还成了医生虾的护卫者。

在危机四伏的海洋中，医生虾因为给各种鱼类清洁身体而被它们喜爱，收获了一个安全之地。不仅如此，医生虾还因为这项特殊的技能，成为水族箱、水族馆中所有水族虾类中名气最高、最受欢迎的虾。

小丑虾

　　小丑虾全身以白色为主色调，还有一些粉红色、紫色及褐色的斑点，非常像一朵盛开的蝴蝶兰，在"吃货"的眼里，它像是糊在蛋糕上的"奶油"，看起来不仅不丑，而且非常可爱。

❖ 小丑虾
1852 年，小丑虾首次被科学家们进行系统的研究。

❖ 小丑

　　小丑虾又称斑点小丑虾、油彩蜡膜虾、贵宾虾、海星虾、夏威夷海星虾等，主要生活在印度洋和太平洋的一些珊瑚礁里。

　　小丑虾的长相并不丑，只是有点夸张和奇特，因像舞台上装扮奇特的小丑而得名。

　　小丑虾的体长可达 5 厘米，它们不仅有奇特的外形，还有奇特的食性——捕食海星，因此也被称为海星虾。

小丑虾身体的颜色夸张，多为白色的身体上带着大的红色、紫色、蓝色及褐色的斑点。

小丑虾的食物很特别，它们仅吃棘皮动物，爱吃海星及一些品种的海胆。

❖ 小丑虾 "夫妻" 配合捕杀海星

小丑虾常会 "夫妻" 成对配合捕杀海星，然后一起在海星背上啄食海星肉。

小丑虾捕食海星往往是从触手开始，然后再吃中心部分，为了活命，海星可能会抛弃触手。但是丢了触手的海星，往往会更加容易被其他的小丑虾或其他猎食者捕杀。

雄性小丑虾比雌性小丑虾要小一些，有一对大钳子（螯），但它不会用于狩猎，仅为了展示。

❖ 雄性小丑虾

海星比小丑虾大很多，但是只要遇到小丑虾，就只能任其宰割。小丑虾捕食海星前，会先悄悄地靠近海星，然后飞快地跃到海星的体盘上，用爪子扣住海星的背，再用针状前腿刺入海星体内，注入麻醉剂，不一会儿海星就瘫痪了。小丑虾便从海星触手的尖角位置开始，慢慢啃食海星，直到将整只海星吃掉。

小丑虾是海星的噩梦，海星们只要发现周边有小丑虾出现，就会躲藏起来，一些海星会将自己埋入海底沙子中，然而，即便是这样，也无法躲过小丑虾的追捕，小丑虾会挥舞着钳子，将藏在沙子中的海星 "挖" 出来，然后猎杀。

海星是小丑虾最爱的食物，除此之外，小丑虾也会捕食其他的棘皮动物，如一些品种的海胆等。

有时候，小丑虾会在麻醉海星后，从海星身体上一跃而下，从海星触手处用力将比自身大很多的海星翻个身，使海星彻底无法逃脱。

性感虾

性感虾身材娇小迷人，淡褐色的身体上覆盖着白色环状斑纹，性格温和，看上去如同淑女穿着漂亮的紧身旗袍，高高翘起尾部"搔首弄姿"，因此被称为性感虾。

性感虾又称海葵虾、斑马虾，主要分布于印度洋及太平洋海域的热带和温带的珊瑚礁区。

性感虾是杂食性的生物

性感虾喜欢成群出没于水深10~20米的岩礁处，通常会单独或成对与海葵共生。当然，也有例外，如一些大型海葵中会有多只性感虾与之共生，有时甚至多达十几只。

❖ **海葵中的性感虾**

性感虾整体为土褐色或棕色，对称分布着黄白色的斑点，带有蓝白色的细边，在不同的位置以及光照下，斑点会变色或闪光。

性感虾的眼为白色，有短的眼柄。雌性体型略大，并且花纹略有不同。

❖ **性感虾**

❖ 美丽的性感虾

性感虾会通过收集海葵黏液裹满全身来保护自己，同时也会分泌化学物质来抑制海葵的刺细胞对自身的伤害。

性感虾分布于热带和温带的珊瑚礁区，包括美国佛罗里达的大西洋沿岸和墨西哥湾、加勒比海以及夏威夷周边海域、非洲西海岸、法属波利尼西亚、莫桑比克、我国台湾附近海域、加那利群岛、新喀里多尼亚和红海。

性感虾的卵为浅棕色，雌性性感虾会将卵抱于腹部，一般 14~25 天孵化，孵化后会经历 20~30 天的浮游期，每隔 2~3 天会蜕一次皮，经历 10~12 次蜕皮后，幼虾会落地并与海葵共生。

在条件适合的情况下，性感虾可以全年繁殖，在繁殖期，雄性性感虾会不断寻找条件适合的雌性性感虾，它们没有求爱过程，一般雄性找到雌性后会迅速交配，交配后雌性会守护雄性一段时间再离开。

❖ 与海葵共生的性感虾

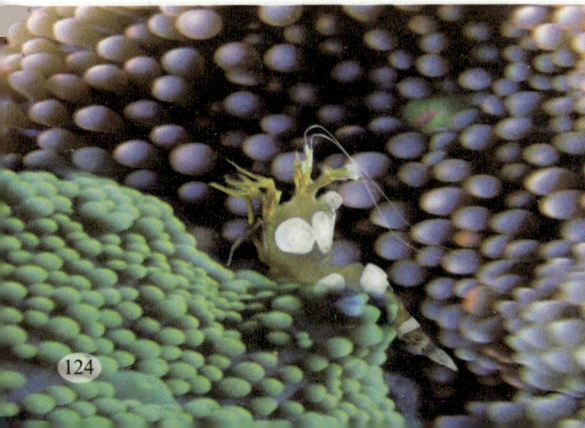

性感虾喜欢肉食，因此，常被人们以为是肉食性的虾，其实它们是杂食性的生物。通常，性感虾会在共生的海葵势力范围内捕食浮游生物、藻类、小虾、小蟹等。在食物短缺的时候，性感虾会夺取海葵捕获的食物，或者干脆啃食海葵，吃它们的黏液。

通过与海葵共生来躲避捕食者

性感虾非常小，成体仅 1.5 厘米左右，在大海中，几乎所有的鱼类都会捕食它们，因此，性感虾通过与海葵共生来躲避猎食者，鲜艳的体色让它们很容易藏匿于海葵之中。

如果性感虾在海葵触手范围之外遇到威胁时，它们会将腹部及尾部高高翘起，然后高速振动腹部来警告对方，如果警告无效，它们便会翘着尾巴，以高达每秒 10~15 厘米的速度，快速退回到海葵的触手范围内。

骆驼虾

　　骆驼虾的长相非常特别，它们的嘴向上撅起，身体呈鲜红色，上面有红色和白色的条纹以及白点交错分布，还有一对宝蓝色的大眼睛，看上去不像是一只真虾，更像是一只机械玩具虾。

　　骆驼虾也叫机械虾、尖嘴虾、跳舞虾、糖果虾等，属于节肢动物，广泛分布于印度洋中。

骆驼虾虽然会夹伤海葵和软珊瑚，但是它们却很少去碰气泡珊瑚和刺海葵。

　　骆驼虾因身体后半部分有一个驼峰而得名。骆驼虾的个性比较温和，非常胆小，总怀疑有东西会伤害自己，成天小心翼翼的。

　　骆驼虾通常喜欢群居，常栖息在水深20米以内的珊瑚礁区以及岩缝内，平时会机警地在珊瑚礁区活动，它们虽然没有医生虾活泼，但是只要稍有风吹草动，便会迅速以向后弹跳的方式逃跑。

　　骆驼虾有一对大钳子，而且雄虾的钳子比雌虾的大，它们会利用钳子夹伤海葵和软珊瑚来吸引浮游生物，以此方式获得更多进食的机会。除此之外，骆驼虾的大钳子还是争夺配偶的武器，雄虾会因争夺配偶而互相打斗。

❖ 骆驼虾

骆驼虾的嘴上翘，腰部下陷，后方凸起，看起来像是骆驼的驼峰，因此而得名。

海鹦

长 得 像 鹦 鹉 的 海 鸟

　　海鹦有一身黑白相间的漂亮羽毛，灰白色的两颊上点缀着一对明亮的眼眸，再配上宽大、鲜艳并带有灰蓝、黄和红 3 种颜色的鸟喙，凸显了它们惹人喜爱的模样。

❖ 鲜艳的海鹦嘴

　　海鹦繁殖于西伯利亚东北沿海、阿拉斯加、阿留申群岛、萨哈林岛、朝鲜西海岸、日本北海道和中国辽宁南部的旅顺。

　　海鹦又名海鹦鹉，共有 3 种，分别是北极海鹦、角海鹦和簇羽海鹦。它们的分布范围很广，主要栖息于海岛、海岸及其附近洋面上。非繁殖期则主要栖息于不冻的海洋中，不进行长距离的迁徙，仅在非繁殖期进行小距离的游荡。

❖ 角海鹦

海鹦的体长为 32~41 厘米，全身以黑褐色为主，腹部为白色。嘴部色泽鲜艳，大而厚，侧扁，嘴峰 32~38 毫米，稍弯曲，上嘴先端具缺刻，鼻孔呈细裂缝状，上面覆有皮膜。海鹦的跗跖较短，仅 28~32 毫米，站立时呈直立状，像企鹅一样憨态百出。尾呈圆形，长 45~62 毫米，甚短。整体形象如同鹦鹉那样美丽可爱。海鹦善游泳和潜水，以小鱼和甲壳类等动物为食。

无论是迁徙途中飞行，还是在栖息地，海鹦总是成群结队，统一行动。这样做是一种有效的自卫行为，以此向其他动物显示其庞大群体的威力，并标志其栖息地的范围，警告其他海鸟不得入侵其领地。如果发现入侵者，海鹦群会发出一片警告声。随后便成群结队地盘旋而起，形成一个飞快旋转的环状队形，采用"人海战术"，使入侵者晕头转向，难以找到进攻的突破口。

海鹦的繁殖期为 5—7 月，成群营巢繁殖。通常营巢于生长有草本植物、土壤层厚的海岛上。常在斜坡上掘洞营巢。巢内垫有枯草。

❖ 簇羽海鹦

簇羽海鹦也称"花魁鸟"，体态优美，为稀有的观赏鸟类。它主要分布在加拿大、日本、俄罗斯和美国的沿海岛屿及海岸边。

冬季来临之前，海鹦们会倾巢出动，寻找好的觅食场所，然后会连续进行 1 周以上的觅食行动。有的角海鹦甚至会因劳累过度而死。

海鹦每窝产卵 1 枚，卵的颜色为白色，光滑无斑或具蓝紫色斑点。

❖ 北极海鹦

海鹦虽然是无生存危机的物种，但是北极海鹦和簇羽海鹦，因种群密度低，种群之间呈块状分布，因此其数量可能在其分布范围内迅速下降，从而被列为易危。

蓝脚鲣鸟

　　鸟脚有黑色的、灰色的、黄色的、红色的等，却很少有蓝色的，蓝脚鲣鸟就拥有这样一双世界上独一无二的蓝色大脚掌，刷新了人类对鸟脚的认识。此外，蓝脚鲣鸟脸小脖子粗，警惕性低，疏于防范，可以很轻易地将它们捕捉，因此它们被称为"笨鸟"。实际上，它们并不是很笨，只是看上去有点呆萌而已。

❖ 蓝脚鲣鸟

　　蓝脚鲣鸟是鲣鸟家族中最具特点也最呆萌可爱的一种海鸟，主要在热带及亚热带的太平洋岛屿海岸和海面上活动。

导航鸟

　　鲣鸟的种类很多，最主要、最常见的有红脚鲣鸟、蓝脸鲣鸟、褐鲣鸟和蓝脚鲣鸟等，它们都属于大型海鸟，体长 0.7 米

蓝脚鲣鸟看上去很呆萌，实际上，它和其他种类的鲣鸟一样是大型的猎食性鸟类，不仅不萌，而且很凶猛。
❖ 呆萌的蓝脚鲣鸟

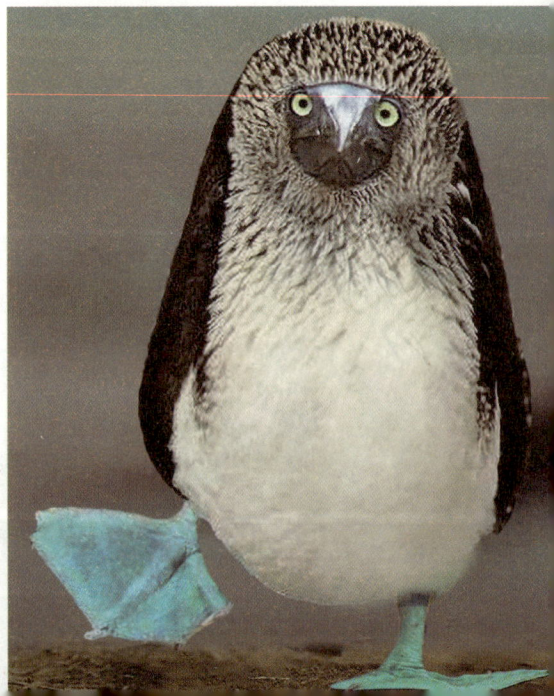

以上，体重1千克左右，嘴又长又尖，尾部呈楔形，两足趾间有蹼，善游泳和捕猎，主要以鱼类为食，如鲅鱼、鲛鱼、沙丁鱼、凤尾鱼、鲭鱼、飞鱼、鱿鱼等，有时也会吃甲壳动物。

鲣鸟非常勤劳，除了夜间和繁殖季节会停留在岸上外，其他时间都会成群地在海面上搜寻猎物，渔民们喜欢跟随鲣鸟群追捕鱼群，鲣鸟因此得名"导航鸟"。

呆萌可爱

鲣鸟家族中的成员个个有特点，最具特点的要数蓝脚鲣鸟，它们长有一双特别而又醒目的蓝色大脚。

蓝脚鲣鸟的头部和颈部有浓重的棕色和白色条纹，翅膀和下体呈黑褐色，有一些白色羽毛扩展至背面，上背部和臀部有一块白色的大斑块。腹部为白色，尾巴为黑褐色，鸟喙为暗绿色、蓝色或灰色，脸上的皮肤黝黑并有奇异的眼袋，眼帘为黄色。整体看上去呆萌可爱。

脑袋很硬

从字面上看，鲣鸟是指"吃鱼且坚硬的鸟"。蓝脚鲣鸟和其他种类的鲣鸟一样，喜欢成群一起捕

直到19世纪末，鲣鸟还曾是人类的重要食物来源之一。在人类保护自然的背景下，减少了对它们的捕杀，这种鸟类数量开始猛增，自20世纪以来，鲣鸟的数量已经翻了1倍，是少数日益增多的鸟类之一。

❖ 红脚鲣鸟

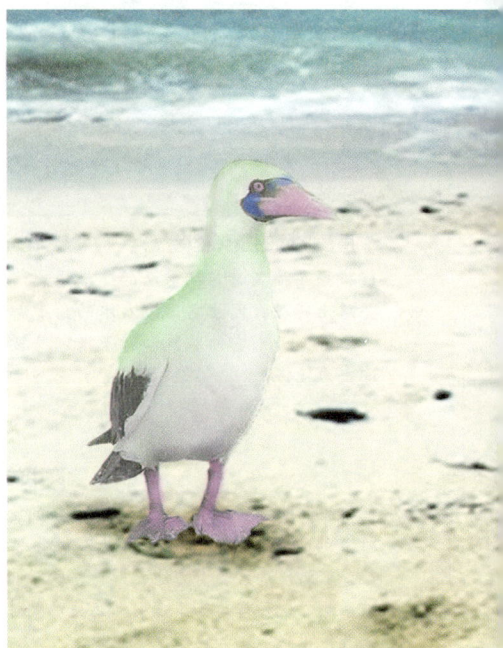

❖ 蓝脸鲣鸟

蓝脸鲣鸟是一种黑白色鲣鸟，体型比红脚鲣鸟和褐鲣鸟都要大。通体羽毛除了飞羽和尾羽外，大部分为白色，眼睛为金黄色，眼部周围为蓝黑色。嘴长粗而尖，呈圆锥状，翅膀较为狭长，脚粗而短。它是一种广泛分布于热带海域的留鸟。

食，正常情况下会有200只以上的蓝脚鲣鸟一起，在海面上30米高（有时甚至100米）的地方飞行并搜寻鱼群，一旦发现鱼群，便会一只接着一只，如同箭一样从天而降，以时速近100千米直接射入水中捕鱼。蓝脚鲣鸟以这种速度一只接着一只地从天而降，如同如来神掌一般，甚至可直接将水面以下1.5米处的鱼给震晕。蓝脚鲣鸟入水后便迅速捕食，将鱼吞进肚子后才会游出水面。

为了抵抗捕鱼时从天而降的强大冲击力，蓝脚鲣鸟的头变得非常坚硬，脖子也特别粗。

❖ **直插水面的蓝脚鲣鸟**

蓝脚鲣鸟捕鱼时直插水面的速度堪比汽车在高速公路上行驶，因此它每次入水的角度都掌握得非常准确，否则它的脑袋和脖子很容易被入水时的冲击力撞伤。

❖ **跳舞中的蓝脚鲣鸟**

蓝脚鲣鸟的蓝色脚丫是它们求偶时候的资本，一般雄鸟的脚丫越大、越蓝，越能获得异性青睐，因此，蓝脚鲣鸟常会卖力地抬起蓝色脚丫，在异性面前炫耀。这种行为除了吸引雌鸟关注之外，也在告知其他雄鸟不要和它争夺"媳妇"。

求婚：炫耀蓝色脚丫

在外观上，雌、雄蓝脚鲣鸟相似，区别是雌鸟的虹膜暗，个体比雄鸟大，有一个相对较短的尾部。

每到繁殖季，雄鸟就会在鸟群中寻找心仪对象，一旦发现心仪对象，雄鸟便会在雌鸟面前翩翩起舞，并极力地左一脚、右一脚，展示自己的蓝色脚丫，目的是让雌鸟欣赏它的蓝色双脚，此外，雄鸟还会主动叼来树枝或石块放在雌鸟面前。

获得雌鸟的认可后，双方会为彼此梳理羽毛，最后，这对蓝脚鲣鸟"夫妻"会昂头对天发出打鼾的声音，如同人类在宣誓婚姻忠贞一样，而后便开始"双宿双飞"，过上没羞没臊的生活。

❖ 蓝脚鲣鸟与雏鸟

用蓝色大脚丫孵卵

大部分蓝脚鲣鸟与其他鲣鸟一样，都在海岸边栖居，但也有一部分会在树上营巢。

除了极个别的外，蓝脚鲣鸟一般是"一夫一妻"制，它们会用鸟粪在裸露的地面上围成一个圈，以告诉其他鲣鸟不要来打扰它们。

蓝脚鲣鸟孵卵的方式很特别，雌、雄鸟轮流孵卵，它们不是用身体孵卵，而是用那双漂亮的蓝色脚丫上的脚蹼包裹住卵，用以保持温度，直到孵化出幼鸟。

幼鸟出生后，如果在寒冷地带，雌鸟会用身体为幼鸟保暖，热带地区的雌鸟还会用身体为幼鸟遮阴，避免日晒。

❖ 一对站在鸟巢中的蓝脚鲣鸟

火烈鸟

火烈鸟浑身朱红色，而且光泽闪亮，远远看去就像一团熊熊燃烧的烈火。火烈鸟群栖息在浅滩处，遍地通红并绵延好几千米，就像一块巨大的红地毯，鸟群飞翔时像红色晚霞染红了半边天，令人心旷神怡。

有化石证据表明，火烈鸟的祖先早在3000万年前的中新世就开始分化出来了，远早于大多数其他的鸟类。

❖ 火烈鸟

火烈鸟也称为红鹳，栖息于人迹罕至的沿海或咸水湖边的湿地，以水中甲壳类、软体动物、鱼、水生昆虫等为食。

火烈鸟共有3属6种，分别是大红鹳属的大红鹳（大火烈鸟）、加勒比海红鹳和智利红鹳，体长130厘米左右；安第斯红鹳属的安第斯红鹳和秘鲁红鹳，体长102~110厘米；小红鹳属的小红鹳（小火烈鸟），体长90厘米左右。

大红鹳分布于地中海沿岸，东达印度西北部，南抵非洲，也见于西印度群岛；加勒比海红鹳、智利红鹳、安第斯红鹳和秘鲁红鹳的分布均限于中南美洲；小红鹳分布于非洲东部、波斯湾和印度西北部。

体色艳丽

火烈鸟的颈长而曲，呈"S"形；腿极长而无羽

1976年，在安第斯山脉曾发现大约700万年前的火烈鸟脚印化石，暗示其祖先是类似鹬鸻那样的滨岸鸟类。

❖ 火烈鸟脚印化石

毛覆盖；嘴粉红而端黑，嘴形似靴；脚有四趾，前三趾间有蹼，后趾短小不着地；体羽白而带玫瑰色，飞羽黑，覆羽深红，在诸色相衬下显得非常艳丽。亚成鸟呈浅褐色，嘴为灰色。

火烈鸟的性格温和，常结成数十只至上百只、上千只、上万只的大群一起生活，多立于浅滩，用嘴甩动泥滩以寻找食物，它们一只挨一只紧密地排列着，叫声此起彼伏，远远望去，红腿如林，一条条长颈频频交替蠕动。

火烈鸟虽然善于游泳，但很少到深水域，而且它们生性机警，稍有不安便会飞离。往往只要有一只火烈鸟飞上天，便会有一大群紧跟其后飞上天。它们飞行时颈伸直，慢而平稳，场面十分壮观。

搞笑的恋爱联谊会

每年3—4月的繁殖季，成百上千只火烈鸟会自动组成"恋爱联谊会"，它们一起舞动脖子跳舞、唱

❖ 大红鹳
大红鹳又叫作大火烈鸟，是火烈鸟家族中体型最大的品种，长着深粉色的羽毛。

❖ 智利火烈鸟冰箱贴、救生圈
火烈鸟因修长的腿和火焰色的体色而受到全世界人们的喜爱，它们的形象常出现在工艺品、雕塑、玩具中。

相传火烈鸟会在南焰山用天火将自己的羽毛点燃，然后将火种带回楼兰古国，在天翼山化成灰烬，象征着一往无前的勇气和酣畅淋漓的生活方式。

火烈鸟的红色并不是它本来的羽色，科学家研究发现，火烈鸟的红色是来自其摄取的小虾、小鱼、藻类、浮游生物等体内的虾青素，而使它原本洁白的羽毛透射出鲜艳的红色。

❖ 小红鹳
小红鹳又叫作小火烈鸟，是火烈鸟家族中体型最小的品种，颜色比大红鹳更红、更鲜艳些。

❖ 安第斯火烈鸟

安第斯火烈鸟是唯一一种长着黄色的腿和脚的火烈鸟，在鼻孔上还长有红斑。

❖ 智利火烈鸟

智利火烈鸟的体型比大红鹳小，双腿灰色，关节处长着粉色的环带。

火烈鸟的巢根据品种、大小不同，一般高度为12~45厘米，直径为38~76厘米。

全球年龄最大的火烈鸟（83岁）于2013年1月30日在澳大利亚的阿德莱德动物园去世。

火烈鸟在食物短缺和环境突变的时候会迁徙。迁徙一般在晚上进行，在白天时则以很高的飞行高度飞行，目的是避开猛禽类的袭击。迁徙中的火烈鸟每晚可以50~60千米的时速飞行600千米。

歌，甚至有点才艺大比拼的架势。整个"恋爱联谊会"上体色越红越鲜艳的火烈鸟，越能吸引异性，最后心仪的雌、雄火烈鸟会围绕对方跳舞，表现得异常亲热、兴奋且形影不离。

没有找到配偶的火烈鸟会继续在"恋爱联谊会"上卖力地跳舞唱歌，以期能吸引异性的关注。

火烈鸟的对象虽然来自"恋爱联谊会"，但是它们却是"一夫一妻"制，很少有对婚姻不忠者。

❖ 飞行的火烈鸟群

有秩序的"小村落"

　　火烈鸟确定"夫妻关系"之后，两口子便会开始寻找筑巢地，不过它们可不是随意选址，而是会选择与群体中其他火烈鸟做邻居。它们会在三面环水的半岛形土墩或泥滩上筑巢，有时也在水中用杂草筑巢。

　　最让人称奇的是，火烈鸟群中每家每户的巢穴都整齐排列，巢和巢之间的距离多为 60 厘米左右，每家每户之间都开挖了小沟，小沟之间相互连通，以便排水和随时通过小沟进入水中潜水或游泳。如此井然有序的火烈鸟巢穴群，说它是一个现代化、有秩序的"小村落"一点儿也不为过。

❖ 两只火烈鸟的长颈组成了"心"形

火烈鸟的长颈和天鹅一样，常会被人刻意地抓拍到。两只火烈鸟的长颈组成一个"心"形，寓意爱情。

火烈鸟觅食时头往下浸，嘴倒转，将小虾、蛤蜊、昆虫、藻类等吮入口中，把多余的水和不能吃的渣滓排出，然后徐徐吞下。

加勒比海红鹳的群体非常壮观，在面积仅有 13 838 平方千米的中美洲的巴哈马群岛，就栖息着多达 5 万只以上的加勒比海红鹳，甚至有多达 10 万只以上聚集在一起的场景。

非洲拥有当今世界上最大的火烈鸟群——小红鹳群。

❖ 小红鹳群

❖ 火烈鸟的"恋爱联谊会"
一群兴奋、激情四溢的火烈鸟在跳舞。

火烈鸟幼鸟向父母乞食时发出的声音，会刺激成鸟的大脑释放催乳素。神奇的是，这与帮助人类产奶的催乳素是同一种，它可以促使父母嗉囊中的细胞膨胀并分泌乳汁。

火烈鸟父母在哺育的时候，把尽可能多的能量与养分融入嗉囊乳汁中，所以在喂养幼鸟的过程中会变得憔悴。

❖ 火烈鸟哺育雏鸟

筑巢期间会变得凶猛好斗

选定筑巢地后，火烈鸟夫妻便开始一起用草茎等纤维性物质混合泥巴，滚成小球，一层层地垒砌成上小下大、顶部凹入、任凭大雨冲刷也不会倒塌的"碉堡"式的巢。

筑巢期间，为了争夺更好的位置、抢夺筑巢材料或因为急于孵卵，性格温顺的火烈鸟会变得凶猛而好斗，火烈鸟夫妻之间、家庭与家庭之间常会发生一些小冲突，但是这并不妨碍施工的整体进度，也不会妨碍村落的整体"规划"。

为数不多的产奶鸟类

有了"家"后，雌鸟便开始进入巢中产 1~2 枚卵，而后，由雄鸟和雌鸟共同孵化 28~32 天，雏鸟出壳后第二天就可以到巢穴边的小沟中游泳，两个半月后雏鸟就能学会飞行。

雏鸟和成年火烈鸟的长相完全不同，雏鸟的绒羽、腿呈灰色，嘴是直的，在 1 岁之前，雏鸟靠喂食父母的乳汁成长。

火烈鸟是为数不多能产奶的鸟类，而且雌鸟和雄鸟都会产奶。火烈鸟并不是靠乳腺产奶，而是靠其食管后端暂时贮存食物的嗉囊产奶。

1 岁以后，雏鸟能长到成年火烈鸟的大小，3 年后其体色才会逐渐变为红色，达到性成熟。火烈鸟的寿命为 20~50 年，已知的最大年龄是 83 岁。

火烈鸟乳汁中的蛋白质、脂肪含量都比哺乳动物乳汁的高，而且颜色为亮粉色。这是因为亲鸟在乳汁中加入了类胡萝卜素，这是一种抗氧化剂，可以促进幼鸟健康、快速地成长。

鹈鹕

电影《男孩与鹈鹕》的内容虽然很简单，但却有治愈心灵的力量，这归功于电影中的那只可爱、顽皮的鹈鹕，它不仅给小镇上的人们带来了很多欢乐，同时还成了小镇上的明星。而现实中，鹈鹕虽然外貌很可爱，但却是鸟类中的"强盗"，甚至可以称其为鸟类中的"恶霸"。

鹈鹕又称为塘鹅、河鸟、逃河、淘鹅等，它们大多分布在亚洲、欧洲、非洲，以及澳大利亚的温暖水域，栖息于湖泊、河流、沿海和沼泽地带，荒芜的岛屿、潟湖，偶尔也会光顾池塘和红树林。

❖ 电影《男孩与鹈鹕》剧照

长着不协调的大嘴

鹈鹕的体重可达 13 千克，体长 140~175厘米，体形粗短肥胖，颈细长，是现存个体最大的鸟类之一。鹈鹕的全身长有密而短的羽毛，羽毛为白色、桃红色或浅灰褐色；翅展可长达 3 米，且强壮有力，能够把它们庞大的身躯轻易送上天空；其嘴形宽大，有 30 多厘米长，上嘴朝下弯曲成钩状，下嘴有一个巨大、能扩缩的皮肤喉囊，使它们看上去显得头重脚轻，十分不协调，还有几分笨拙。

不沾水的羽毛

鹈鹕短小的尾羽根部长有黄色的油脂腺，能够分泌大量的油脂。鹈鹕每天除了游泳外，大部分时间都是在岸上晒晒太阳

❖《海底总动员》中的鹈鹕
动画电影《海底总动员》中小丑鱼尼莫躲进鹈鹕的大嘴中，逃过了海鸥的捕杀。

或耐心地梳洗羽毛，用嘴将油脂均匀地涂抹在身体各个部位的羽毛之上，使羽毛变得光滑柔软，以至于它们能在潜水捕鱼后，回到水面时羽毛上滴水不沾，不仅如此，这些不沾水的羽毛冬天还能起到御寒的作用。

鹈鹕，古称逃河、淘河、淘鹅等，因其在水中用大嘴捕鱼时，如同在淘洗一般而得名。（宋）高承《事物纪原卷十·虫鱼禽兽·逃河》中关于鹈鹕记载："《本草》曰：身是水沫，唯胸前两块肉，如拳。云昔为人窃肉入河，化为此鸟。今犹有肉，因名逃河。"（明）李时珍《本草纲目·禽一·鹈鹕》中也有关于鹈鹕的描述："淘河，俗名淘鹅，因形也。"

❖ 鹈鹕

鹈鹕很可爱，它有一张超级大的嘴巴，显得十分碍事，以至于走路时，总是摇摇摆摆。

鹈鹕的脑袋上长着大嘴，重心不稳定，因此飞行时，为了避免头重脚轻，它们会把整个脑袋往身体处缩，使重心向后移动。

❖ 飞行中的鹈鹕

充满智慧的捕鱼队形

鹈鹕有一张超大的嘴和不沾水的羽毛，因此捕鱼本领很强。

鹈鹕喜欢成群地在水面上活动，它们一旦发现鱼群，便会使用"一"字、"U"字或"O"字队形，且不断交替变换队形，扑棱着大翅膀，将鱼群驱赶到海（河）岸水浅的地方或绝处，然后一哄而上，用大嘴将鱼连同水一起舀进嘴巴里。

鹈鹕即便是在高空飞翔时，水中的鱼群也逃不过它们的眼睛，一旦有发现，它们便会从高空向水中的鱼群俯冲，其袋状的大嘴像渔网一样把鱼网住，吞下后再起飞，再俯冲，群鸟此起彼伏、有规律地俯冲，将鱼群围困在一个固定的范围内捕食。

❖ 鹈鹕用大嘴捕鱼

鹈鹕潜水捕鱼后，总是尾巴先露出水面，然后才是身子和大嘴，最后才会收缩喉囊把水挤出来，直到群体合作捕鱼结束，它们才会从水面起飞。有些吃得太饱的鹈鹕，非常笨重而无法起飞，只能在水面上等食物消化后再飞。

不折不扣的恶霸

电影《男孩与鹈鹕》中的鹈鹕顽皮可爱，而现实中，鹈鹕却是鸟类中不折不扣的恶霸。

鹈鹕体型大，嘴大，在水上的战斗力虽然不如军舰鸟，但是却可以欺负大部分鸟类，因此它们也是鸟中"强盗"的一员。军舰鸟是海上的"强盗"，而鹈鹕不仅在海上打劫，还在湖泊、河流、沼泽、池塘等淡水水域中横行霸道。

鹈鹕除了自己捕鱼之外，还时常会"截胡"鸬鹚、鹭、鹳等刚捕到的鱼，稍有不顺心，还会直接张开大嘴，将这些鸟类吞食，这点比军舰鸟更恐怖。据科学家研究发现，鹈鹕吃过的鸟类有鸽子、海鸥、鸭子、鲣鸟、海燕、鸬鹚、牛背鹭、南非企鹅等，它们甚至还会吞食同类的雏鸟。

有科学家观察到，在食物匮乏的时候，褐鹈鹕和澳洲鹈鹕会直接吞食同类的雏鸟！

❖ 电影《男孩与鹈鹕》中顽皮可爱的鹈鹕

139

❖ 站在木桩上的鹈鹕

南非的白鹈鹕会侵入南非鲣鸟的繁殖地，
吞食毫无自卫能力的鲣鸟雏鸟，再回巢
哺喂自己的雏鸟。

鹈鹕"夫妻"共同养育幼崽

每到繁殖季，鹈鹕会成群地聚集到陆地上，用树枝和杂草在人迹罕至的树林、岩石等处筑巢，雄鹈鹕寻找到自己心仪的雌鸟后便展翼起舞，并且不断用嘴厮磨和梳理抚弄雌鸟的羽毛，以讨得伴侣的欢心。一旦双方确认配偶关系后，鹈鹕"夫妻"便会终生相守。

鹈鹕"夫妻"会共同承担孵化任务，幼崽孵化后，刚开始鹈鹕"夫妻"会吐出未完全消化的食物供幼崽食用。等幼崽稍大后，鹈鹕"夫妻"捕猎回到巢穴后会张开大嘴，让小鹈鹕跳进大嘴，然后将脑袋伸入喉囊中，直接取食带回的小鱼。在父母的精心照顾下，小鹈鹕12周左右就能起飞，14~15周就能独立捕鱼。

❖ 巴黎圣母院建筑中的鹈鹕雕像

加拉帕戈斯企鹅

唯 一 生 活 在 赤 道 的 企 鹅

在人们的印象里，企鹅是南半球的生物，它们喜爱寒冷，生活在南极，仅少数几种生活在靠近南极的温带海域。而加拉帕戈斯企鹅却与众不同，它们生活在热带的赤道区，甚至越过赤道涉足了北半球。

加拉帕戈斯企鹅又名加岛环企鹅、科隆企鹅，是所有企鹅中分布最北端的企鹅，也是唯一一种赤道区企鹅和涉足北半球的企鹅。

唯一生活在赤道的企鹅

加拉帕戈斯群岛位于距厄瓜多尔西部 970 千米的太平洋海域，地处赤道，岛上生物资源异常丰富，而且大多数保持着原始风貌。1835 年，达尔文在此

70 厘米

50 厘米

麦哲伦企鹅
70 厘米

加拉帕戈斯企鹅
50 厘米

❖ 加拉帕戈斯企鹅与麦哲伦企鹅

加拉帕戈斯企鹅与麦哲伦企鹅长得很相似，但是体型上有明显区别，麦哲伦企鹅要大于加拉帕戈斯企鹅，而且要明显肥胖很多。加拉帕戈斯企鹅的体型很小，只比小蓝企鹅略大。

90% 的加拉帕戈斯企鹅生活在科隆群岛的伊莎贝拉岛和费尔南迪纳岛上，在科隆群岛的圣地亚哥、巴托罗梅岛、圣克鲁斯省北部及佛罗里那岛也有少量分布。

❖ 加拉帕戈斯企鹅

考察后不久发表了《物种起源》，从此，这个群岛被称为"活的生物进化博物馆"。

加拉帕戈斯群岛以其罕见的动物而闻名，加拉帕戈斯企鹅就是其中之一。

加拉帕戈斯企鹅比小蓝企鹅略大，背部呈黑色，腹部呈白色，直立时身高仅为50厘米，体重 2~2.5 千克，鳍脚下裸露的皮肤和眼睛周围的皮肤是粉红色的，眼睛处有一圈白色羽毛环绕。

❖ 火山岩洞穴口的加拉帕戈斯企鹅

早期航海者发现加拉帕戈斯群岛时，称它为"斯坎塔达斯岛"（在西班牙语中意为"魔鬼岛"）。因为岛上有许多很大的乌龟，后来称它为"加拉帕戈斯群岛"，意为"巨龟之岛"。厄瓜多尔共和国统治这里后，又改名为"科隆群岛"。

❖ 加拉帕戈斯群岛巨龟

保持体温有办法

加拉帕戈斯企鹅和其他企鹅一样，喜欢在冷水和寒冷的环境中生活，而地处赤道的加拉帕戈斯群岛气温高达40℃，海水表面的温度也可达到14~29℃，这对加拉帕戈斯企鹅来说，要保持身体凉爽是一件非常困难的事情。不过，加拉帕戈斯群岛得天独厚的地理环境，给加拉帕戈斯企鹅在赤道海域生存提供了保障。

❖ 眺望大海的加拉帕戈斯企鹅

2004 年的调查显示，加拉帕戈斯企鹅的数量仅有 1500 只左右。它们出现生存危机的原因一方面在于自然条件的改变，水温的细微变化有可能彻底改变食物的来源。另一方面，人类行为也是罪魁祸首之一，大量涌入的游客是主要问题，这意味着人们不断将各种供物品运到岛上，随之引入的物种对岛上的原有生物可能产生巨大的影响。

首先，从南极而来的寒冷洋流给加拉帕戈斯企鹅提供了凉爽的海水，而且洋流携带着大量的养分和鱼群，满足了加拉帕戈斯企鹅的食物需求。其次，加拉帕戈斯企鹅最集中的地方是加拉帕戈斯群岛中的伊莎贝拉岛的沿岸以及各岛海岸线上，那里有众多火山岩形成的黑暗、潮湿、阴冷的熔岩孔、熔岩穴，这对加拉帕戈斯企鹅来说是完美的避暑和育儿场所。此外，加拉帕戈斯企鹅为了能更好地生活在赤道海域，它们选择白天泡在海水中，用海水给身体降温，夜晚才登陆钻进熔岩孔、熔岩穴中休息。

❖ 在大喘气的加拉帕戈斯企鹅

在非常炎热的气温下，加拉帕戈斯企鹅会像狗一样，通过快速地喘气来散发身体的热量或者从身体的末端散失热量（脚、鳍脚或身体的下半部）。

军舰鸟

每到繁殖季，成年的雄性军舰鸟喉部的喉囊就会膨胀成一个很大的、半透明的球状袋状物，色彩鲜红，十分艳丽。军舰鸟的喉囊既是它们"求爱"炫耀的资本，也是它们最标志性的形象，让每个看到它们的人都感到惊奇。

军舰鸟是军舰鸟科 5 种大型海鸟的通称，它们的身影遍布全球的热带和亚热带海滨和岛屿，在我国只在西沙群岛有这种鸟。

堪称飞行界的"扛把子"

军舰鸟的体长为 75~112 厘米，体重仅 1.5 千克左右，胸肌发达，翅膀细长，翅展达 2 米左右，如此轻盈的身材赋予了它们极其出色的飞行本领，而且飞行速度惊人。据资料显示，京沪高铁运营时速为 350 千米，跑车布加迪威龙的最高时速是 467 千米，而军舰鸟在追捕猎物的时候，最高时速可达到 418 千米，因此，它们被誉为飞行速度最快的鸟。军舰鸟不仅飞得快，还飞得高、飞得远，它们能飞到约 1200 米的高空，还能来几个花样翻转；它们能轻松

军舰鸟有一种很神奇的本领，它们可以一边飞翔，一边睡觉。飞行期间可以让一半的大脑进入休息，另一半大脑保持清醒。

❖ 飞行中的军舰鸟

❖ 布加迪威龙

布加迪威龙是世界顶级超跑的典范，其高性能版本百千米加速仅为 1.8 秒，最高车速达到了 467 千米 / 小时，而军舰鸟的飞行时速已经接近甚至超过普通版本的布加迪威龙的时速，这种速度不得不让人震惊。

❖ 雄性军舰鸟醒目的喉囊

❖ 军舰鸟

往返于相距 1600 多千米的巢穴与海面之间，有科学家跟踪研究发现，军舰鸟最远可飞行 4000 千米，相当于从北京到广州往返的距离。不仅如此，在恶劣的天气中，军舰鸟依旧可以自由翱翔，即便是遭遇 12 级的狂风，它们也能临危不惧，安全飞行和降落。

鸟中海盗

军舰鸟因极其出色的飞行能力而堪称飞行界的"扛把子"，但是，由于它们的翅膀太大，身体太轻，腿又短又细，加上羽毛没有油，不能沾水，导致它们捕猎后很难从水面上直接起飞，因此它们无法像鹈鹕、鸬鹚那样潜入水中捕鱼，只能少量捕食近水面的小鱼和水母等。

为了不用潜水捕鱼而吃到大鱼，军舰鸟选择了从空中截夺其他鸟捕获的鱼，它们白天常在海面上巡飞遨游，发现鲣鸟、海鸥等捕捉到鱼后，便伺机以闪电般的飞行速度，由高空直线俯冲，袭击那些捕获鱼的海鸟。被袭击的海鸟往往会

被吓得惊慌失措，丢下口中、爪中的鱼仓皇而逃，军舰鸟趁机凌空叼住正在下落的鱼，据为己有。由于军舰鸟的这种"抢食"行为，人们戏称它们为"强盗鸟"。

军舰鸟犹如中世纪时海盗们使用的"frigate"帆船一样快捷，并具有攻击性，早期博物学家便以这种帆船给它起名为"frigatebird"，而在现代英语中，"frigate"是护卫舰的意思，后来，人们简称它为军舰，军舰鸟由此而得名。

在地面的战斗力下降

军舰鸟白天在海面上劫掠，晚上必定回到陆地上或海岛上栖息。

军舰鸟在空中的打斗能力很强，但是到了地面后，它们的战斗力就明显下降。军舰鸟因为翅膀太大，腿太短，起飞很难，所以一般会选择栖息在高

❖ 军舰鸟由高空直线向鲣鸟俯冲

成年的军舰鸟基本没有天敌，因而它们的寿命较长。据说有一只军舰鸟曾活到16岁；这是野生军舰鸟寿命的最长纪录。不过，因环境不断恶化，军舰鸟数量越来越少。据统计，如今全世界的军舰鸟数量已经不足3200只了，成为一种濒危动物。

❖ "Frigate"帆船

1739年，荷兰阿姆斯特丹出版的《海军词典》认为"Frigate"这个词最早源于地中海沿岸，指的是一种船身狭长，同时装有帆装索具和桨的桨帆船。比起普通桨帆船，这种船只的船舷较高，划桨甲板位于露天甲板之下，在侧舷开有孔，将大桨伸出。

军舰鸟不仅是海洋捕食者，也是食腐鸟和食肉鸟，它们会经常捕捉小海龟和其他小鸟补充食物。

军舰鸟非常爱干净，一般进食后会飞落海面，清洗身上的污渍，然后再寻找下一个目标，或者归巢栖息。

耸的岩石上或者树顶上，便于一跃就能起飞。军舰鸟喜欢成群地挤在一起，而且周边有很多其他海鸟，如鲣鸟、海鸥等栖息，让人无法理解的是，这些白天被军舰鸟欺负、掠夺的鲣鸟、海鸥等，夜晚却与军舰鸟同住，而且双方会相安无事。

共同筑巢、孵卵

军舰鸟中的雌鸟一般大于雄鸟，雄鸟的体羽全黑，有光泽，雌鸟下部则为明显的白色，少光泽，两者皆有一个裸露皮肤的喉囊，平时用以暂时贮存所捕食的鱼类。繁殖期间，雄鸟的喉囊会变成鲜艳的绯红色，并且膨胀起来，像在脖子上挂了一个鲜红的大气球，用以吸引雌鸟。

❖ 雄生军舰鸟飞行中醒目的喉囊

一旦雄鸟被雌鸟选中，它们便开始共同搭建巢穴，雌鸟负责收集树枝等建筑材料，雄鸟则负责将树枝等搭建成一个窝。因为军舰鸟群太大，搭建巢穴的树枝很紧缺，所以，军舰鸟常会去掠夺其他鸟类搭建巢穴的树枝，有时甚至会争夺邻居的树枝。

由于军舰鸟必须回陆地宿夜，所以它们一般不会离开巢穴 160 千米以外的距离。

建好巢后，雌鸟会在窝中产 1 枚卵，这时，雄鸟的喉囊才会慢慢瘪下去，颜色也会变回暗红色。随后双方轮流孵卵，雄鸟还要负责出去寻找食物。孵卵期间，它们还经常会趁邻居不注意或飞去其他鸟巢中偷取树枝，用来修补自己的鸟巢。在军舰鸟"夫妇"的精心照料之下，41 天后，幼雏便破壳而出。

军舰鸟幼崽生长 6 个月后，就能展翅扑飞，但还要靠父母喂养一段时间，等到 1 岁之后才能独自生活，3 岁后才能性成熟。

鹲鸟

鹲鸟长相清秀，飞行时身体轻快、敏捷，尾部两根长长的、飘逸的尾羽犹如一条长长的飘带，在海面、云层中翩翩起舞。

鹲鸟主要分布于热带、亚热带海域，在我国主要出现在南海或台湾的远海。因为远离大陆，人们能够看到它们的机会比较少，这也为这种鸟蒙上了一层神秘的面纱。

古时，西方的航海家们认为鹲鸟是围绕太阳飞行的，因此以希腊神话中太阳神赫利俄斯之子法厄同（Phaethon）的名字将这种鸟命名为"Phaethontidae"。

❖ 法厄同
在希腊语中，"法厄同"意为"熊熊燃烧"。

在这幅画中，一只鹲鸟站在树干上，另两只鹲鸟在远处捕食。
❖ 1897 年《北美鸟类图谱》系列版画：鹲鸟

鹲鸟仅1属3种，分别是短尾鹲、红尾鹲和白尾鹲。它们属于中型海鸟，最大体长1米，最大翼展有1米多，整体羽色是白色的，仅眼部和翅膀末端以及身体尾部有部分黑羽点缀，它们最大的特点是尾部中间长有两根长长的尾羽，在浩瀚的大海上、蓝天中飞翔时，长尾轻盈飘逸，有时如仙女徐徐而来，有时又如闪电急速掠过。

❖ 红嘴鹲

红嘴鹲又叫短尾鹲，尾白，因嘴红色而得名。它分布于印度洋、太平洋东部、大西洋中部等热带和亚热带海域。

红尾鹲因两根尾羽是红色而得名，分布于太平洋西部和印度洋的热带和亚热带海域。

❖ 红尾鹲

鹲鸟以鱼类、乌贼等为食，除繁殖季之外，它们大部分时间都在海上飞翔，寻找并追逐鱼群，有时会跟随渔船飞行，累了后会歇于桅杆之上。

军舰鸟能靠超强的飞行能力，在空中掠夺鲣鸟、海鸥等的食物，不过军舰鸟却很难夺到鹲鸟口中的食物。鹲鸟的外表虽然略显纤细，但是它们的飞行技术高超，可以不断地急转弯、俯冲，能够轻松地躲过军舰鸟的攻击。

❖ 白尾鹲

白尾鹲因两根白色尾羽而得名，分布于印度洋、太平洋西部及大西洋的热带和亚热带海域。